Verzeichniß

der im

vierten Theile beschriebenen und abgebildeten

Käfer.

12. Sphæ-

Natursystem

aller

bekannten in- und ausländischen

Insekten.

Der Käfer

IV. Theil.

Wenn gleich bey denen in den drey geendigten Bänden beschriebenen Käfern allerley Schwierigkeiten und Verwirrungen vorkamen, deren Berichtigung viele Mühe und Vergleichung erforderte, so betraf dieses doch nur einige einzelne Arten, die genauer zu bestimmen waren; aber in Ansehung der Gattung war man doch gewiß, daß man sich nicht irre, weil die Kennzeichen derselben, so deutlich und in die Augen fallend sind, daß auch selbst ein Anfänger nicht leicht fehlen kann. Unendlich mehr Schwierigkeiten sehe ich aber jezt vor mir, die auch dem Geübtesten viel zu schaffen machen, und die standhafteste Geduld auf die Probe setzen. Ein ganzes Heer kleiner Käfer soll jezt von mir beschrieben und in eine systematische Ordnung gebracht werden, an welchen man nur durch sehr gute Vergrösserungsgläser einige Kennzeichen mit Gewißheit wahrnehmen kann. Sie in ein System zu bringen, macht bey weiten nicht die Schwierigkeiten, als sie nach dem System zu ordnen. Die meisten meiner bisherigen Hülfsquellen verlassen mich; die Kennzeichen jeder Gattung sind so unbestimmt, sie weichen fast bey jeder einzelnen Art so ab, daß häufige

Irrungen fast unvermeidlich sind. Will man sich auch eine neue Bahn brechen, und sie nach einem eigenen System ordnen, so kann man dies doch nur mit denen thun, die man vor sich hat, wie will man aber wissen, ob diejenigen, die man nur aus den Systemen kennet, würklich dahin gehören, wohin man sie in sein eigenes System sezt? Diese Schwierigkeiten sind so unüberwindlich, daß sie nicht eher gehoben werden können, ehe man nicht von allen Insekten eine deutliche und sichere Abbildung hat.

Was die Ordnung der jezt auf einander folgenden Gattungen betrift, so werde ich mich auch dabey nur allein nach den Fühlhörnern richten, weil diese am besten in die Augen fallen. Bisher sind solche Gattungen beschrieben worden, deren Fühlhörner an der Spitze grössere Glieder haben. Es scheint mir also ganz natürlich zu seyn, daß ich nun auch alle übrigen Gattungen hinter einander folgen lasse, deren Fühlhörner eben diese Eigenschaft haben. Dies ist, deucht mir, der Ordnung weit gemäßer, als wenn Gattungen mit fadenförmigen, mit keulförmigen, mit blättrigen Fühlhörnern durcheinander stehen.

Die Anzahl der grösseren Glieder an den Fühlhörnern ist nicht allzeit gleich; bey den meisten sind die drey lezten Glieder grösser, oft aber auch nur zwey,

und

und eins; und neuerlich hat man auch schon Käfer gefunden, deren Fühlhörner vier grosse Glieder am Ende haben. Aber auch hiebey fehlt es nicht an Schwierigkeiten; denn oft sitzen die grösseren Glieder so dicht auf einander, daß man auch durch die besten Vergrösserungsgläser nicht sicher bestimmen kann, aus wie vielen Gliedern ein solcher Knopf oder Keule bestehe.

Ausser den **Fühlhörnern** muß man denn freilich auch auf den äusserlichen *habitum* mit Rücksicht nehmen; und ich glaube, man thut besser, diejenigen, deren Fühlhörner zwar gleich sind, aber deren Umriß verschieden ist, unter mehrere Gattungen zu vertheilen. Bey diesen so unendlich kleinen Insekten wäre es gut, die Anzahl der Arten jeder Gattung so klein als möglich zu machen, wenn man nur deutliche und bestimmte Unterscheidungszeichen angeben könnte. Denn wer verliert nicht die Geduld, wenn er funfzig bis hundert Beschreibungen durchlesen soll, um zu wissen, ob ein kleines Käferchen, welches er gefunden, sich mit darunter befinde, und wie es heisse. Oft sehen sich auch solche kleine Käfer einander so ähnlich, daß auch die genaueste Beschreibung nicht hinreicht, ihren Unterschied deutlich zu zeigen.

Wie ich nun alle diese Schwierigkeiten überwinden werde, wird die Zeit lehren. Wer noch im geringsten in dieser verwickelten Sache Licht und Deutlichkeit wünscht, wird mir meine Bitte nicht versagen, und mir mit seinen Beobachtungen und Berichtigungen zu Hülfe kommen. Dem Hrn. Professor **Hellwig** in Braunschweig verdanke ich solcher Berichtigungen schon viele; der Hr. Hofmedikus **Heise** in Dresden hat mir wenigstens viele neue kleine Käfer zur Berichtigung zugeschickt; und der Hr. Advokat **Schneider** zu Stralsund, dem ich schon so manchen in den vorigen Bänden beschriebenen Käfer verdanke, hat mir auch seinen ferneren Beistand gütig versprochen. Die Unterstützung mehrerer zu hoffen, habe ich bis jezt noch wenig Grund.

Da die Liebhaber der Insektengeschichte gewiß gern alles beysammen zu haben wünschen, was sowohl zur Vervollkommung derselben, als auch zur Verbesserung des Systems beytragen kann, so glaube ich, ihnen einen Dienst zu thun, und daß hier der Ort auch nicht unschicklich sey, wenn ich ihnen eine unter dem Vorsiz des berühmten Herrn Ritter **Thunberg** zu **Upsal** 1789 herausgekommene lateinische Dissertation übersezt mittheile, in so weit es die Käfer betrift, die den Titel führt: Periculum entomologicum quo characteres Generum Insectorum. Nachdem in derselben den großen Verdiensten des **Fabricius** um die **Entomologie** völlige Gerechtigkeit wiederfahren gelassen.

lassen, aber auch über die Schwierigkeiten der Kennzeichen aus den Freßwerkzeugen geklagt wird, so wird folgende neue oder verbesserte Classifikation gemacht.

1. Coleoptera.

1) Die Fühlhörner haben eine dichte Keule.
Antennis clava solida.

Pausus. Die Keule hackenförmig gekrümmt (uncinata) die Deckschilde abgekürzt.

Hister. Der Kopf zurückgezogen, die Deckschilde abgekürzt.

Coccinella. Der Leib halbkugelförmig, unten platt.

Anthrenus. Der Kopf zurückgezogen, der Brustschild vorne verengert. Der Leib eyrund.

Elophorus. Der Brustschild viereckig, die Deckschilde eben (aequantia).

2) Die Keule der Fühlhörner bulbenförmig.
Antennis clava bulbiformi.

Bulbocerus. Diese Gattung ist im letzten Bande unter dem Namen Lethrus beschrieben.

3) Die Fühlhörner haben eine lamellirte Keule.
Antennis clava lamellata.

Lucanus. Hervorgestreckte Maxillen.

Scarabaeus. Der Kopf höckrig, der Rücken geschildert.

Copris. Der Kopf höckrig, der Rücken ungeschildert.

Melolontha. Der Kopf unbewafnet (muticus).

Trox. Der Kopf zurückgezogen, der Bauch platt.

4) Die Keule der Fühlhörner durchblättert. Antennis clava perfoliata.

Curculio. Der Kopf beschnabelt, hinten dicker. Die Fühlhörner sitzen von den Augen entfernt am Rüssel.

Attelabus. Der Kopf beschnabelt, hinten dünner.

Hydrophilus. Der Leib eyrund, gewölbt, die Füsse Schwimmfüsse.

Sphaeridium. Der Leib eyrund, gewölbt, die Füsse Lauffüsse. Der Brustschild erweitert.

Byrrhus. Der Leib eyförmig, gewölbt, der Brustschild vorne enger.

Dermestes. Der Leib länglich, etwas platt, der Brustschild vorne dünner verenget.

Bostrichus. Der Kopf zurückgezogen, der Brustschild rund, der Leib cylindrisch.

Anobium. Der Leib fadenförmig lang, der Kopf herunterhangend, die Deckschilde sich leicht biegend. Not. Der Kopf dem Brustschilde fast gleich, der Brustschild rund, die Fühlhörner bey einigen Arten schnurförmig.

Tritoma. Der Leib fadenförmig, platt, der Brustschild viereckig, der Kopf vorgestreckt.

Ips. Der Leib länglich eyrund, überall gewölbt.

Silpha. Der Brustschild und die Deckschilde an den Seiten ausgebreitet. Not. Der Leib etwas platt, der Kopf zurückgezogen und herunterhangend, die Fühlhörner bey vielen schnurförmig.

Nitidula. Der Brustschild überzwerg (transversus), die Deckschilde abgestutzt. Der Leib viereckig.

Nicrophorus. Der Brustschild abgerundet, die Seiten erweitert, die Deckschilde platt, abgestutzt.

5) Die Fühlhörner schnurförmig.
Antennis moniliformibus.

Opatrum. Der Brustschild gewölbt, vorne mondförmig ausgeschnitten, die Seiten ausgedehnt, die Deckschilde gewölbt.

Bruchus. Der Kopf zurückgezogen herunterhangend, der Brustschild vorne enger, die Deckschilde stumpf.

Hispa. Der Brustschild vorne enger, ungerandet. Die Deckschilde stumpf. Not. Die Fühlhörner vorwärts gestreckt, dicht neben einander, der Leib oft stachlicht.

Cassida. Der Leib gewölbt, unten platt, der Brust-Schild bedeckt den Kopf.

Chrysomela. Der Leib eyrund, der Brustschild überzwerg, gerandet, die Deckschilde ungerandet.

Altica. Die Füsse zum Springen.

Mordella. Der Leib einwärts gekrümmt, die Deck-Schilde verengert, vor den Hüften steht eine Platte.

Erodius. Der Brustschild überzwerg, platt, der Bauch etwas kuglich.

Meloë. Der Kopf einwärts gebogen, groß, aufgeworfen, der Brustschild an den Seiten gedrückt, ziemlich rund, die Deckschilde fadenförmig, biegsam.

Clerus. Der Kopf breiter als der Brustschild, mopsnasicht (resimum), der Brustschild hinten schmaler.

Spondylis. Der Brustschild schmaler als die Deck-Schilde, der Leib etwas cylindrisch.

Pimelia. Der Brustschild abgerundet, gewölbt, gerandet, die Deckschilde gewölbt mit doppeltem Rande.

Staphilinus. Die Deckschilde abgekürzt, der Schwanz mit zwey Borsten. **Not.** Der Leib fadenförmig, der Rand des Hinterleibes erhöben; über den Schwanz treten zwey kleine Blasen heraus.

6) Fadenförmige Fühlhörner.
Antennae setaceae.

Gyrinus. Die Fühlhörner cylindrisch, kürzer als der Kopf; vier Augen.

Notoxus. Der Brustschild bucklich, an den Seiten verengert.

Ptinus. Der Kopf eingezogen, eingebogen. Der Brustschild doppelt gerandet.

Melyris. Der Kopf einwärts gebogen, der Brust-Schild zweymal gerandet.

Crioceris. Die Fühlhörner dicht neben einander, der Brustschild fast viereckig, die Deckschilde länglich.

Cryptocephalus. Der Kopf aufgeworfen, zurückgezogen; die Deckschilde stumpf, der Leib cylindrisch.

Auchenia. Der Brustschild rund, schmaler als die etwas gedrückten Deckschilde. (Hierher werden einige aus der Gattung Crioceris Fabr. gerechnet, z. E. merdigera.)

Eurychora. Der Brustschild fast viereckig, platt, mit einem allmählig erweiterten Rande; die Deckschilde platt. (Hierher wird Pimelia ciliata gerechnet.

Cucujus. Der Leib platt, der Brustschild hinten abgerundet.

Bu-

Buprestis. Der Kopf ist halb ins Brustschild geschoben; die Augen sind länglich.

Elater. Von der Brust geht eine Spitze in eine Höhlung des Hinterleibes; die Augen sind rund.

7) Vorstenförmige Fühlhörner.
Antennae setaceae.

Scarites. Der Brustschild mondförmig ausgeschnitten, hinten abgerundet.

Carabus. Der Brustschild ziemlich herzförmig, hinten abgestutzt, gerandet.

Cicindela. Vorstehende Augen, der Brustschild ungleich.

Donacia. Der Brustschild viereckig, ungerandet.

Cistela. Der Leib länglich, gewölbt, der Brustschild gerandet, vorne enger.

Dytiscus. Der Brustschild überzwerg, Schwimmfüsse.

Leptura. Der Brustschild ziemlich kuglicht, unbewafnet, vorne enger.

Callidium. Der Brustschild rund, unbewafnet.

Saperda. Der Brustschild cylindrisch, unbewafnet.

Prionus. Der Brustschild platt, mit einem scharfen, gekerbten oder stachlichten Rande.

Cerambix. Der Brustschild an den Seiten eine Erhöhung und stachlicht. (Hiebey wird die Anmerkung gemacht: Der verschiedene Habitus der Käfer dieser Gattung scheint mehrere

rere Gattungen zu geben, wenn man nur allzeit ein standhaftes und in die Augen fallendes Kennzeichen angeben könnte. Hiezu werden folgende vorgeschlagen:

Lamia. Der Brustschild rund, dornigt, die Deckschilde hinten gewölbt (clavata).

Cerambix. Der Brustschild rund, dornigt, die Deckschilde fadenförmig, zugespitzt. (Fastigata Dies Wort wird hier in dem Sinn genommen, in welchem Linné es beym Buprestis rustica genommen hat.)

Rhagium. Der Kopf lang gezogen, der Brustschild rund, dornigt, die Deckschilde etwas zugespitzt, hinten schmäler (subfastigiata cuneata.)

Stenocorus. Der Kopf lang gezogen, der Brustschild rund, höckrig, die Deckschilde hinten schmäler. Wegen der übrigen verwandten Gattungen werden noch folgende Unterscheidungszeichen hinzugefügt.

Calopus. Der Brustschild cylindrisch, schmaler als die Deckschilde, unbewafnet. Die Deckschilde keilförmig.

Sa-

Saperda. Der Brustschild cylindrisch, unbewafnet, die Deckschilde zugespitzt.

Callidium. Der Brustschild rund, die Deckschilde zugespitzt.

Calopus. Der Brustschild rund, schmaler als die Deckschilde, der Leib cylindrisch.

Cantharis. Der Kopf hervorragend, der Brustschild platt, gleich breit mit den Deckschilden; diese fadenförmig, biegsam.

Pyrochroa. Der Kopf hervorragend, der Brustschild abgerundet, die Deckschilde biegsam, der Leib hinten dicker.

Calolymus. Der Kopf kuglicht, der Brustschild vorne enger, die Deckschilde fadenförmig, biegsam. (Diese Gattung ist Lymexylon und Horia Fabr.)

Malachius. Die Deckschilde schmaler und enger.

Lampyris. Der Kopf mit dem Brustschilde bedeckt, die Deckschilde biegsam.

Necydalis. Die Deckschilde abgekürzt, der Schwanz einfach.

Forficula. Die Deckschilde abgekürzt, der Schwanz zangenförmig.

Wenn gleich die hier angegebenen Kennzeichen jeder einzelnen Gattung noch sehr unbestimmt sind, und viele

viele Ausnahmen leiden, so ist es doch nicht ganz zu verwerfen, daß die Ordnung der nach der Reihe folgenden Gattungen nach den Fühlhörnern bestimmt worden. Freilich muß man alsdenn die Anhänglichkeit an das linneische System ganz verläugnen, denn sonst wird man es sehr empörend finden, daß Gattungen so weit von einander zu stehen kommen, die **Linné** sogar in eine einzige Gattung verband, z. E. Chrysomela und Cistela. Wenn aber nun einmal die Fühlhörner als ein wesentliches Kennzeichen der Gattungen angesehen werden, so scheint es die Natur der Sache schon so mit sich zu bringen, daß diejenigen Gattungen neben einander stehen, deren Fühlhörner die meiste Aehnlichkeit mit einander haben. Ich hatte daher schon vorher, ehe ich obige Dissertation zu Gesicht bekam, den Gedanken, in diesem Werke nach obiger Regel zu verfahren, und ich wünschte daher, das Gutachten der Entomologen hierüber zu vernehmen.

Achte

Achte Gattung
der
Käferartigen Insekten.
Hister.

Es ist mir keine besondere Eigenschaft dieser Käfer-Gattung bekannt, worauf die lateinische Benennung, die so viel als **Gaukler** sagen will, anspielen könnte, es müßte denn seyn, daß man darauf Rücksicht genommen hat, daß die Gaukler kurze Kleider zu tragen pflegen, und diese Käfer sehr abgekürzte Deckschilde haben, und daß jener ihre Kleidung schwarz und roth zu seyn pflegt, so wie einige dieser Käfer gleichfalls eine solche Farbe haben. Beides sind aber doch nicht Eigenschaften, die diesem Käfer allein zukämen. Man hat es indessen nun einmal so beliebt, sie Gaukler oder auch **Harlekin** zu benennen; doch hat man ihnen auch noch eine mehr angemessene Benennung gegeben, nämlich **Stutzkäfer**, da alle bekannten Arten abgestutzte Flügeldecken haben. Da indessen alle deutsche

Be-

Benennungen mehr nur in Schriften als im gemeinen Leben gebraucht werden, als wo man lieber den bekannteren systematischen Namen beybehält; so werde ich das auch ferner in diesem Werke thun, und blos der lateinischen Benennung eine deutsche Endigung geben. Bey einigen Gattungen ist dies schon allgemein geschehen, warum sollte man es denn nicht überall thun? Noch findet man diese Gattung von einigen Schriftstellern benannt: **Dungkäfer, Schildkrötenkäfer, schwarze Speckkäfer.** Ausser der obigen lateinischen Benennung ist dieser Gattung von Geoffroy der Name Attelabus gegeben, der aber von **Linne** bey einer andern Käfergattung gebraucht ist. Die französische Benennung ist Escarbot. Man hat ehemals diese Käfer mit zu den **Mistkäfern** gerechnet, wie auch die Holländer sie noch Mestkevertjes nennen. Sie kommen ihnen auch der Gestalt nach ziemlich nahe, am meisten an den Füssen; aber die Fühlhörner weichen doch ganz ab. Auch hat man sie wohl unter die **Roccinellen** gebracht, so unähnlich sie ihnen auch sind.

Wenn man die Gestalt dieser Käfer nur einigermaßen kennt, so kann man bey den meisten Arten sogleich beym ersten Anblick sicher wissen, daß sie zu dieser Gattung gehören; bey einigen wenigen Arten ist es minder auffallend, sondern man wird schon zweifelhaft, ob sie nicht eine eigene Gattung ausmachen, weil schon ihre äussere Form etwas anders ist, und auch die Abweichungen von den bestimmten Kennzeichen schon etwas groß werden.

Aus andern Welttheilen sind bisher wenige **Histern** zu uns gekommen und bekannt worden; ich habe noch in keinem Kabinette welche gefunden, und also bin ich auch nur im Stande, wenige Abbildungen davon nach der Natur zu geben. Auch der einländischen Arten giebt es nicht viele, und bey manchen ist es noch zweifelhaft, ob sie würklich verschiedene Arten sind, wofür sie ausgegeben werden. Denn sie haben fast alle in ihrem Baue was einförmiges, und also unterscheiden sie sich oft fast nur durch die Grösse, welches aber ein sehr unsicheres Unterscheidungskennzeichen ist.

Was denn nun die Gattungskennzeichen betrift, so sind hauptsächlich folgende zu merken:

1. Die Fühlhörner sind gebrochen, und haben am Ende einen Knopf.
2. Das Maul hat zwey lange hervorstehende Freß-Zangen.
3. Die Deckschilde sind hart, abgestuzt, und bedecken den Hinterleib nicht viel über die Hälfte.
4. Die Füsse haben breite gezahnte und bedornte Schienbeine, und mit Einschluß des Klauen-Gliedes fünf Fußblätter.

Um

Um nun diese Kennzeichen genauer durchzugehen, bitte ich die Instruktionstafel F vorzunehmen. Auf derselben zeigt Fig. 1. den Umriß und Habitum dieser Käfergattung. Man sieht, daß die Gestalt sehr oval und gewölbt ist. Der Brustschild ist breit, glatt, gewölbt, hinten so breit als die Deckschilde, an welche er auch sehr dicht anschließt. An den Seiten lauft eine Furche der länge nach herunter, wodurch der Brustschild gewissermaßen gerandet wird; oft steht hinter dieser Furche noch ein zweyter Strich, der mit jener parallel läuft. Die Deckschilde sind glatt, hart, gewölbt (bey wenigen platt), und so kurz, daß die zwey lezten Bauchringe unbedeckt bleiben. Auf denselben findet man ganze und halbe feine längsstriche, nach deren Anzahl man gemeiniglich die verschiedenen Arten bestimmt. Das kleine Schildlein, welches in der Abbildung angezeigt ist, haben nicht alle Arten, oder es müßte so klein seyn, daß es auch bey einer starken Vergrösserung nicht sichtbar würde.

Fig. 2. zeigt nun den vergrösserten Kopf mit seinen Theilen. Der Kopfschild a ist bey allen Arten halbcirkelrund, und kann tief in den Brustschild hineingezogen werden. Ueber dem Maule erweitert sich eine dreyeckige abgerundete lippe. Bey vielen Arten läuft hinter dem äusseren Umrisse eine feine Furchenlinie herum. Die Fühlhörner sind gebrochen, das

 heißt,

heißt, das erste Glied b hat fast die länge der übrigen zusammen; auch ist es sehr viel stärker und breiter. Alsdann folgen sechs kleine Glieder c; und hier zeigt sich manche Verschiedenheit; bisweilen werden die lezten Glieder etwas breiter, und formen sich nach dem am Ende stehenden Knopf, so wie es in der Abbildung angezeigt ist; bisweilen sind aber alle Glieder von gleicher Grösse; selten ist es der Fall, daß das erste dieser sechs Glieder eine ziemlich beträchtlichere Grösse hat. Am Ende der Fühlhörner steht ein großer runder Knopf Dieser wird von einigen als einfach angegeben, wie **Fabricius** es thut; von andern aber, z. B. von **Degeer** wird gesagt, daß er aus drey sehr dicht auf einander liegenden Gliedern oder Ringen bestehe. Ich habe bey aller angewandten Mühe und bey den stärksten Vergrösserungen nichts gewisses herausbringen können. Das Maul hat zwey Paar Freßspitzen; das äussere Paar e e hat vier gleiche Glieder, deren äusserstes stumpf abgestuzt ist; sie sind unter der Spitze der Maxille eingelenkt. Das innere Paar f f hat drey Glieder, und hängt an der Spitze der lippe fest. Die Freßzangen g g sind stark, länger als der Kopfschild, stehen grade hervor, sind am Ende einwärts gekrümmet und zugespizt; an der innern Seite haben sie in der Mitte eine Ausbucht, wie aus der Abbildung zu ersehen ist. Die Maxille ist häutig, etwas cylindrisch, einmal gezahnt, an der Spitze stumpf. Die lippe ist

hornhörnartig, vorgestreckt, cylindrisch, an der Spitze häutig, rund, und nicht eingeschnitten.

Fig. 3. zeigt einen Vorderfuß, dessen Schienbein sehr viele Aehnlichkeit mit den Schienbeinen der Scarabäen hat; es ist platt und breit, nur sind die Ausschnitte des äussern Randes nicht so stark; und also sind auch die dadurch verursachten Zähnchen viel stumpfer; über die Fläche läuft der länge nach eine Furche. Bey Beschreibung der einzelnen Arten werden wir auch welche finden, wo diese Gestalt der Schienbeine ganz abweicht. Die fünf Fußblätter haben nichts besonderes, nur ist zu merken, daß sie weit schmäler und nicht so in einander geschoben sind, als bey den übrigen Füssen; auch sind sie nicht mit Dornen besezt.

Fig. 4. zeigt einen Mittel- oder Hinterfuß, denn diese zwey Paare sind sich gleich. Das Schienbein a ist stark, breit, platt, am äussern Rande mit einer Reihe Stacheln dicht besezt; hinter dem innern Rande steht eine längsfurche, und am Ende findet man drey starke Dornen. Die Fußblätter b sind breit, hinten schmaler, dicht in einander geschoben, und jedes unterhalb mit zwey Dornen bewafnet; das lezte Klauenglied ist länger, als die übrigen, die eine gleiche Grösse haben. Am Ende steht eine doppelte Klaue, die aber nicht so lang und stark ist, als bey den **Scarabäen.** Der Brustknochen verlängert sich zwischen den Vorderfüssen bis zum Maule herauf in eine schmale, zusammengedrückte, stark erhöhete Falte, die mit der Brust, welche platt ist, in gleicher Höhe und Fläche bis zum Maule reicht.

Von der eigentlichen Naturgeschichte dieser Käfer ist noch nicht viel bekannt. Man findet sie am meisten im Frühjahr; einige im Miste, andre auf Aeckern unter Steinen, im Sande, im Aase, auch einige unter Baumrinden, und Baumschwämmen. Ihre Larven kennet man noch gar nicht, doch wird ihr Aufenthalt vermuthlich in der Erde, im Miste und etwa auch im faulen Holze seyn. Da der Käfer nur klein ist, so kann auch die Larve nur eine geringe Grösse haben.

Alles übrige wird sich am besten bey denen nun folgenden einzelnen Arten sagen lassen. Um die Unterschiede der Arten deutlich anzuzeigen, habe ich sie nebst dem Umrisse bey jeder Art vergrössert dargestellt.

1. Hister unicolor.

Fünf und dreyssigste Tafel, Fig. 1. und A.

Lin. S. N. 2. 567. 3. H. ater, elytris oblique striatis, Fn. Su. 440.

Fabr.

Fabr. S. E. 52. 1. Spec. 1. 60. 2. Mant. 1. 30. 2.
Degeer Inſ. 4 198. 1. tab. 12. fig. 12.
Schäf. ic. tab. 42. f. 10.
Geoffr. Inſ. 1. 94. tab. 1. fig. 4. *Attelabus* totus niger, elytris laevibus nonnihil ſtriatis.
Schrank Enumer. p. 38. n. 68.
Laichart tyrol. Inſ. 1. p. 54. No. 1.
Scriba Journal 1. S. 70. n. 67.
Voet Coleopt. tab. 31. 5 Hiſt. *dilacerator.*
Müller Ueberſ. d. N. S. p. 115. n. 3. t. 3. f. 7. der Europäer.
Götze ent. Beyträge 1. 162. n. 3. der ganz ſchwarze europäiſche Stutzkäfer.

Es iſt dieſer Käfer in ſo fern nicht geringen Schwierigkeiten unterworfen, da man theils wegen der ſo ungleichen Gröſſe, theils andrer Verſchiedenheiten wegen nicht weiß, ob man ſie zu Spielarten oder zu eigene Species machen ſoll. Die oben angeführten Schriftſteller ſcheinen ſicher einerley Käfer beſchrieben zu haben; aber den H. unicolor des **Scopoli**, der überall mit hierhergezogen wird, kann ich nicht hier aufnehmen, da er ſagt, daß die Deckſchilde am Ende punktirt ſind, welche Eigenſchaft nicht dieſem, ſondern einigen der folgenden Arten zukommt. Einige Entomologen, die ſehr genau gehen, nehmen noch drey verſchiedene Arten an, nämlich ſtriatus, coſtalis, bi-

 cinctus,

cinctus, allein ihr Unterschied vom unicolor ist so unbedeutend, daß er bey der genauesten Besichtigung kaum zu bemerken ist. Auch die Grösse kann hiebey wohl nichts entscheiden. **Scriba** will zwar bemerkt haben, daß die kleinere Art am Ende der Vorderschienbeine einen hohen gespaltenen Zahn habe, allein man findet dies fast durchgängig bey den Käfern mit gespaltenen Schienbeinen, daß sie bey kleinen Exemplaren oder auch bey einem Geschlecht stärker eingeschnitten sind. Ich habe also von allen diesen unter sich so ähnlichen Käfern nur 2 verschiedene Arten angenommen, nämlich den H. unicolor und 12 Striatus; deren Unterschiede ich gleich anzeigen werde.

Der H. unicolor ist also überall schwarz, bald grösser, bald kleiner; denn diese Käfer weichen ausserordentlich in Ansehung der Grösse von einander ab. Ich habe ein Exemplar aus Ungern vor mir, das um ein beträchtliches grösser ist, als unsre Abbildung, da andre kaum ein Drittel dieser Grösse haben. Die Farbe ist bald etwas matter, bald sehr glänzend glatt. Nur die kleinen Glieder der Fühlhörner sind rostfarbig. Der Kopfschild ist glatt, mit einer hinter den Umriß herumlaufenden feinen Furche. Der Brustschild ist glatt, und hat eine hinter den Umriß herumlaufende Furche, und diese giebt ihm dadurch gewissermaßen vorne und an den Seiten einen Rand; an den

Sei-

Seiten steht in einer ziemlichen Entfernung noch eine zweite Furche, die sich oben in den Vorderrand verliert. Die Deckschilde sind glatt, an den Seiten in der Mitte etwas erweitert, wodurch eine Art von Erhöhung oder Beule entsteht; dadurch bekommen die Furchen daselbst eine Biegung. Dieser Furchen sind viere, welche ganz durchlaufen, sie sind fein, und zugleich punktirt. Die äusserste Furche läuft hinter der Beule herum, da die übrigen vor derselben stehen, sie hat deshalb in der vergrösserten Abbildung nicht angezeigt werden können, weil sie zu sehr an der herabhängenden Seite steht. Eine fünfte Furche fängt zwar unten an, aber sie reicht nicht die Hälfte hinauf; sie ist mit den übrigen parallel. Der übrige Theil der Deckschilde, der fast die innre Hälfte ausmacht, ist glatt; nur neben der Nath fängt von unten noch eine Furche an, die aber fast nur aus feinen Punkten besteht, und schon unter der Mitte wieder aufhört. Aber leider die Anzahl dieser Furchen ist sehr ungewiß, und geben also kein sicheres Kennzeichen dieser Art ab. Der freystehende Hinterleib ist schwach punktirt. Die Fußblätter der Vorderfüsse sind rostfarbig. Der ganze Unterschied zwischen diesem Käfer und den 12 Striatus besteht also darin, daß dieser letzte eine Furche mehr hat.

Man findet diesen Käfer ziemlich häufig im Kuh-Miste, auf den Feldern und unter Steinen. Er ist wie alle Mist- und Aaskäfer sehr mit den bekannten Milben geplagt.

2. Hister quadrimaculatus.

Fünf und dreyssigste Tafel, Fig. 2. B, und Sechs und dreyssigste Tafel, Fig. 12. a. b.

Lin. S. N. 2. 567. 6. H. ater, elytris bimaculatis. Fn. Su. 443.
Fabric. S. E. 53. 8. Spec. 1. 61. 8. Mant. 1. 33. 11.
Degeer Ins. 4. p. 199. n. 3.
Schäf. Elem. tab. 24. f. 2.
Scriba Journal 1. 72. n. 71. H. 4 notatus. Beiträge 1. p. 46. 11. 11. tab. V. F. 4. 4. a. 4 b.
Laichart. tyrol. Ins. 1. 55. a.
Schrank Enum. 37. n. 66. Viermakliger Dungkäfer.
Götze ent. Beytr. 1. 163. n. 6. der rothe Vierfleck.
Müller Uebers. d. N. S. p. 116. n. 6. der Vierfleck.

Es ist dieser Käfer dem vorigen an Gestalt und Grösse sehr ähnlich, nur ist der Knopf der Fühlhörner so wie die kleinen Glieder rostfarbig, und so auch die Freßspitzen. Kopf und Brustschild sind schwarz, und eben so mit einer Furche umzogen. Die Deckschilde sind glatt und schwarz. Auf jedem stehen zwey purpurfarbige Flecken, die allmählig in der schwärzen Grundfarbe verschwinden; der eine steht ausserhalb oben an

der

der Schulter und der zweyte auf der Mitte des Feldes; gemeiniglich fliessen sie an den Enden in einander; ihre Farbe ist bald heller und lebhafter, bald dunkler und verloschner. Nach aussen zu stehen drey Furchen, indem die äusserste des vorigen, die hinter der Beule herumgeht, hier fehlet; die innerste verliert sich nach unten zu in einzelne Punkte. Alles übrige ist wie beym vorigen. Eine ähnliche Art, die von einigen für einerley mit dem gegenwärtigen gehalten wird, wird unten vorkommen.

Eine Varietät dieses Käfers habe ich auf der 36ten Kupfertafel fig. 12. a. b. abgebildet, wo die Lage der Flecken etwas anders ist; nemlich der untere steht weit höher auf den Deckschildern als bey jenem.

Das Vaterland ist Europa; und der Aufenthalt mit den vorigen gemeinschaftlich.

3. Hister fimetarius.

Fünf und dreyssigste Tafel. Fig. 3. C.

Fabric. S. E. 53. 7. H. 2 *maculatus.* niger nitidus, elytris macula rubra. Spec. Inf. 1. 61. 7. Mant. 1. 33. 10.

Voet Coleopt. tab. 31. f. 1.

Schäf. ic. tab. 3 f. 9.

Schrank Enum. Hist. bipustulatus.

Lai-

Laichart. tyrol. Ins. 1. 56. 3.
Scriba Journal 1. 71. 68. H. bipistulatus.

Daß der Hist. bimaculatus des **Fabricius** nicht eben derselbe des **Linné** sey, scheint wohl gewiß zu seyn, obgleich von den meisten beyde mit einander verwechselt werden. Fabricius sagt von seinem bimacul. daß er mit dem H unicolor an Gestalt und Grösse völlig gleich sey, welches sich vom linneischen bimaculatus nicht sagen läßt. **Schrank** hat schon beyde Käfer sehr richtig von einander abgesondert. Alle obige Schriftsteller haben diesen fimetarium für den bimaculatum gehalten.

Er hat die völlige Gestalt und Grösse des H. unicolor; nur haben die Fühlhörner einen braunen Knopf, und die Freßzangen innerhalb einen starken Zahn in der Mitte. Kopf und Brustschild sind wie bey den vorigen. Eben so auch die Deckschilde, die gleichfalls ausserhalb eine ganze und eine halbe Furche, und innerhalb eine halbe haben. Auf jeder steht in der Mitte ein grosser rother fast nierenförmiger Fleck; hiedurch unterscheidet er sich bestimmt genug vom bimacul., wo der rothe Fleck das Ende der Deckschilde einnimmt. Dieser Flecken ist bald sehr scharf abgesezt, bald verliert er sich allmählig in der Grundfarbe; im ersten Fall pflegt die Farbe heller fast zinnoberroth, im zweyten

Falle

Halse mehr purpurfarbig zu seyn. Die Schienbeine der Vorderfüsse haben 4 starke Zähne. Das übrige ist wie bey den vorigen Arten.

Das Vaterland ist Europa.

4. Hister 12 striatus.

Fünf und dreyssigste Tafel. Fig. 4. D.

Schrank Enum. 39. n. 70. Hist. niger nitidus, elytris duodecim striatis.

Im Grunde ist dieser Käfer dem unicolor so ähnlich, daß es zweifelhaft bleibt, ob man ihn wirklich für eine eigene Art halten soll. Der ganze Unterschied besteht darin, daß man auf den Deckschilden fünf bisweilen sechs vollständige Furchen nach der Aussenseite zu findet, die sechste ist gemeiniglich nur halb. Neben der Nath steht gemeiniglich auch noch unterwärts eine halbe Furche, die aber oft nur ganz verloschen ist, und wohl gar gänzlich fehlet.

Das Vaterland ist Europa.

5. Hister aeneus.

Fünf und dreyssigste Tafel. Fig. 5. und E.

Fabr. S. E. 53. 9. Hist. aeneus, elytris basi striatis apice punctatis. Spec. Inf. 1, 62. n. 9. Mant. t. 33. 12. *Geoffr.*

Geoffr. 1. 95. 3. Attelab. nigro cupreus capite nonnihil prominulo.

Götze ent. Beytr. 1. 165. n. 5. Der englische kupferfarbige Stutzkäfer.

Hier folgen nun wieder drey Histern, die sich einander ungemein ähnlich sind, und deshalb oft verwechselt werden. Der gegenwärtige ist klein, glänzend schwarz mit einem grünlichen Kupferschein. Der Brustschild ist an den Seiten fein punktirt, auch steht am Hinterrande eine Reihe ganz feiner Punkte. Die Deckschilde sind sehr glatt, rings herum fein punktirt, so daß nur das mittlere Feld glatt bleibt; doch sieht man noch auf der punktirten Fläche eine runde sehr glatte Stelle, die ein ungemein schönes Ansehen giebt. Auf jedem Deckschilde gehen zwey punktirte bogigte Striche von der Wurzel bis meist zur Mitte herab. Das Schildlein ist ungemein klein. Die Schienbeine der Vorderfüsse sind braun, breit, platt, und der ganze Aussenrand sehr fein gezahnt, auch hat der Rand der Hüften eine Reihe sehr feiner stachlichter Borsten.

Das Vaterland ist **Deutschland**.

6. Hister semipunctatus.

Fünf und dreyssigste Tafel. Fig. 6 und F.

Mus. *Herbst.* Hist. ater, unicolor, elytris punctatis, basi striis quinque obliquis punctatis dimidiatis.

Scri-

Scriba Journal I. 72. n. 73. Der halbgestreifte Stutzkäfer.

Schrank Enum. n. 68. H. *unicolor* β.

Scopoli Carn. n. 30. H. *unicolor*.

Scriba Beyträge zur Insektengesch. 1 Heft. p. 48. tab. V. f. 6. 6 a. H. semistriatus.

Es muß dieser Käfer nicht mit dem Aeneus verwechselt werden, wie Scriba es gethan hat Er hat wohl die dreyfache Grösse von jenem, ist ungemein glänzend schwarz, und ist im Uebrigen dem Unicolor sehr ähnlich. Der Brustschild ist gleichfalls an den Seiten fein punktirt, und auch etwas weniges am Hinterrande. Die Deckschilde sind auf der untern Hälfte fein punktirt, aber nicht oberhalb an den Seiten wie beym Aeneus. Von der Wurzel an gehen 5 bogigte Striche, bis fast zur Hälfte herunter, da beym Aeneus nur zwey solcher Striche zu finden sind. Dicht neben der Nath steht auch noch eine verloschene Furche, die bis über die Hälfte hinauf geht. Das Schildlein ist sehr klein, der Hinterleib ist ebenfalls punktirt. Die Furche, welche bey den erst beschriebenen Arten hinter den Rand des Brustschildes herlief, ist bey diesen beyden letzten, so wie bey den meisten der folgenden nicht zu finden. Das Vaterland ist Deutschland.

Wahrscheinlich ist dieser Hister der im Mus. Leskiano unter No. 89. beschriebene neue Hister unicolor.

ely-

elytris striis 5 punctatis, dimidiatis, obliquis, regione versus marginem posticum punctata, unicolori triplo minor.

7. Hister metallicus.

Fünf und dreyssigste Tafel. Fig. 7. a, b, und c.

Mus. *Herbst.* Hist. obscure metallicus, elytris basi quinque striatis, apice punctatis.

Dieser vom Hrn. Prof. **Hellwig** in Braunschweig erhaltene und von ihm so benannte Käfer ist dem vorigen sehr ähnlich, aber er hat nur die Größe des Aeneus. Die Farbe ist schwarz mit einem dunklen schwachen Metallglanz. Der Brustschild ist vorne punktirt, aber nicht am Hinterrande, und auch nur an den Seiten sehr unbeträchtlich. Hierdurch unterscheidet er sich vorzüglich von den beyden vorigen Arten, deren Brustschild an den Seiten, aber nicht vorne punktirt ist. Die Deckschilde sind am Ende gleichfalls punktirt, und von der Wurzel gehen 5 bogige punktirte Striche bis meist auf die Mitte herunter. Neben der Nath fängt am Ende noch eine Furche an, die aber nicht weit heraufgeht.

Das Vaterland ist **Deutschland.**

8. Hister planus.

Fünf und dreyssigste Tafel. Fig. 8. a, b, und H.

Fabricii Mant. I. 32. 5. Hist. planus ater opacus elytris levissimis.

Sulzer Gesch. der Insekten. Tab. II. fig. 9. Das Blättchen.

Füeßly Verzeichniß. S. 5. n. 68. der Platte.

Götze ent. Beytr. 1. S. 165. n. 1. Der platte Gaukler.

Dieser Käfer weicht ungemein von den vorigen ab, die insgesammt sehr dick und gewölbt waren, da dieser hingegen sehr platt und dünne ist. Der Kopf ist fast cirkelrund und das Zangengebiß steht sehr hervor, es hat aber keinen Zahn in der Mitte. Der Kopf hängt nicht herunter, sondern er geht gerade aus. Die Fühlhörner sind groß, und der Knopf am Ende platt. Der Brustschild ist sehr glatt und breit, noch breiter als die Deckschilde, vorne sehr stark mondförmig ausgeschnitten, an den Seiten und hinten abgerundet; auch hat er an den Seiten keinen Rand, sondern ist ganz abgeglättet; ein Schildlein wird man gar nicht gewahr; die Deckschilde sind nur kurz, glatt, mit einem schwachen Rande an den Seiten und einer einzigen Furche am Aussenrande, die sich aber gegen die Mitte zu schon verliert. Der vorstehende Hinterleib ist so breit als die Deckschilde, und hinten cirkelförmig abgerundet. Die Farbe des Käfers ist schwarz; die Fußblätter und der Knopf der Fühlhörner sind greiß; die Füße sind kurz, die Hüften breit und vorzüglich auch die Schienbeine der Vorderfüße, welche dabey stark gezahnt sind. Unten ist der Käfer eben so platt als oben. Man hat ihn unter der Rinde eines schon lange gefällten Pappelbaums gefunden. Er scheint aber sehr selten zu seyn, und ich habe ihn nur einmal aus der Schweitz erhalten.

9. Hister depressus.

Fünf und dreyssigste Tafel. Fig. 9. a, b, und I.

Fabric. Mant. I. 32. 8. Hist. depress. Ater, nitidissimus elytris substriatis.

Herbst im Archiv. 20. 7. Hister compressus.

Dieser Käfer ist zwar dem vorigen ähnlich, aber er hat kaum den vierten Theil seiner Größe; die Farbe ist bald schwarz, bald ein sehr angenehmes reines Pechbraun; auch ist er dabey ungemein glatt und glänzend. Der Kopf ist nicht groß und vorne etwas ausgehöhlt. Das Zangengebiß ist sichelförmig; die einwärts gekrümmten Enden sind sehr spitz, und in der Mitte steht am innern Rande noch ein Zahn. Der Brustschild ist sehr breit und platt, er hat aber an den Seiten einen

Rand,

Rand, und ist vorne bey weiten nicht so stark ausgeschnitten, wie an dem vorigen. Die Deckschilde sind ziemlich lang, so daß nicht sehr viel vom Hinterleibe hervorsteht; jedes hat am Aussenrande drey der länge nach laufende Furchen. Bisweilen fängt unten noch eine vierte an, die aber nicht weit heraufgeht. Dieser Käfer ist zwar auch platt, aber doch nicht so sehr wie der vorige. Die Knöpfe an den Fühlhörnern sind gelbbraun, die Füße dunkelbraun. Alle Schienbeine sind gezahnt. Man findet diesen Käfer unter der Birkenrinde, und in manchen Gegenden Deutschlands ist er nicht ganz selten.

10. Hister brunneus.

Fünf und dreyssigste Tafel. Fig. 10. a, b, und K.

Fabric. Syst. entomol. 52. 4. Hister ferrugineus, elytris substriatis. Species I. 61. 4. Mantiss. I. 32. 6.
Götze ent. Beytr. 1. S. 164. n. 3. Der schwedische ganz braune Stutzkäfer.

Dieser Käfer nähert sich sehr dem erstern Unicolor, und er wird auch von einigen für eine bloße Varietät desselben gehalten, zumal da man denselben auch oft von brauner Farbe findet. Indessen so scheint mir doch der wahre Brunneus von jenem wesentlich verschieden zu seyn, denn seine Gestalt ist sehr viel schmäler.

Die Farbe ist überall ein angenehmes Braun, welches auf den Deckschilden etwas heller wird. Der Kopfschild ist nicht groß und hat hinter dem Aussenrande die gewöhnlichen Furchen. Der Brustschild ist glatt, und unterscheidet sich von dem Brustschilde des Unicolor, hauptsächlich dadurch, daß er nicht wie jener eine doppelte Furche an den Seiten hat, sondern nur eine einfache, die zwar freylich etwas absteht, und also einen ziemlich breiten Rand bildet. Die Deckschilde haben nicht an den Seiten die in die Höhe stehende Beule, sondern sind ganz glatt. Sechs Furchen gehen von oben der länge nach herunter, von denen die zwey äussersten auf dem an den Seiten herunterhängendem Theile des Deckschildes stehen; die übrigen vier aber auf der Fläche. Eine siebente Furche fängt unten an, hört aber bald auf; und eine achte neben der Naht geht gleichfalls nur bis zur Hälfte hinauf.

Die Füße sind nach Verhältniß etwas länger, als bey den übrigen Arten. Man findet ihn bey **Dresden**, und ich habe ihn der Güte des Hrn. Hofmedikus **Heise** daselbst zu verdanken, der mir von der Lebensart des Käfers die artige Bemerkung mitgetheilt hat: Er wohnt nicht im Kothe, sondern man findet ihn unter grossen Steinen in Bächen oder an schattigen Orten, die lange gelegen, und unter welchen die Ameisen ihre Wohnung genommen haben. Er

läuft

läuft so schnell, wie die Ameisen selbst, und sucht auch so wie diese in den Gängen der Ameisen ihre Sicherheit, so bald der Stein aufgehoben wird.

11. Hister parallelepipedus.

Fünf und dreyssigste Tafel. Fig. 11. a, b, und L.

Mus. *Herbst.* Hist. linearis ater, antennis pedibusque piceis.

Dieser Käfer hat eine Gestalt, die ziemlich von der gewöhnlichen dieser Gattung abweicht. Er ist nehmlich fast überall von gleicher Breite, schmal, gewölbt, und also halb cylindrisch. Der Kopfschild ist ziemlich breit und glatt; die Fühlhörner sind braun; der Brustschild ist glatt, lang, fast überall gleich breit, ohne Rand und sehr fein punktirt. Ein Schildlein wird man nicht gewahr. Die Deckschilde sind schmal, überall von gleicher Breite mit dem Brustschilde, lang, so daß sie fast den ganzen Leib bedecken, ohne Rand und ohne Furchen, und wie der Brustschild sehr fein punktirt, welches man aber nur durch die stärkste Vergrösserung sehen kann. Die Füße sind pechbraun, im übrigen ist er schwarz. Das Vaterland ist Deutschland.

12. Hister striatus.

Sechs und dreyssigste Tafel. Fig. 1. a, b, und A.

Forster nov. species Insect. Centur. I. pag. 11. no. 11. Hister ater, thorace elytrisque striatis.

Götze entomolog. Beyträge 1. 165. n. 8. **Der englische gestreifte Stutzkäfer.**

v. **Molls** Verzeichn. salzburg. Ins. im entomol. neuen Magazin, 2 B. S. 172. Hist. sulcatus.

Dieser seltne Käfer weicht wieder ungemein von der gewöhnlichen Gestalt dieser Gattung ab; er ist nehmlich nach Verhältniß sehr breit und kurz, so daß er fast einem Bruchus ähnlich sieht. Ich kann nicht genau bestimmen, ob des Hrn. v. **Moll** H. sulcatus mit unserm striatus einerley Käfer sey; ich habe zwar beyde vor mir, aber die Kleinheit hindert eine ganz genaue Vergleichung. Der sulcatus ist kleiner, und von ihm gilt, was ich in der Beschreibung von kleinen Exemplaren gesagt habe. Die Fühlhörner sind groß und lang, und sie haben das eigene, daß nicht nur das erste Glied ungewöhnlich groß ist, sondern auch von den folgenden sechs kleinern Gliedern ist das erste viel grösser als die übrigen, auch der Knopf ist groß und platt, die Spitze hellgrau; der Kopf ist nur kurz und sehr in das Brustschild eingezogen, an der Stirn ist ein vertieftes länglichtes Grübchen. Der Brustschild ist ungemein

brei-

breit und hat fünf erhöhte Streifen der Länge nach, die bey kleinen Exemplaren ganz durchlaufen, bey größern aber oben abgebrochen sind. **Moll** zählt sechs erhabene Linien, wovon die zwey äussersten nicht ganz herunter gehen. Die Deckschilde sind noch breiter als der Brustschild, und bedecken meist den ganzen Hinterleib, ob sie gleich im Verhältniß des ganzen Käfers nur kurz sind. Auf jedem sind zwey, auch wohl drey erhöhte Längsstreifen, und die Zwischenräume sind ungemein fein gefurcht, welches man aber nur durch sehr starke Vergrösserung sehen kann. Auch steht eine Reihe eingestochener Punkte an den Seiten der erhöhten Streifen. **Moll** fand auf jedem Deckschilde sechs bis sieben, und die Zwischenräume reihenweise punktirt. Der Rand der Deckschilde ist unterwärts eingebogen. Es ist dieser Käfer sich nicht immer gleich, da bey kleinen Exemplaren der Erhöhungen mehrere zu seyn scheinen, so daß man sie fast für eine eigne Art halten sollte. Unsre Abbildung bei a stellt schon ein sehr großes Exemplar vor, da andre kaum ein Drittheil so groß sind. Die Füße sind lang, die Schienbeine aber schmal, an den Vorderfüßen nur schwach gezahnt, auch haben die Hüften eine Reihe steifer Haare. Die Fußblätter sind rostfarbig. **Forster** fand diesen Käfer in England; ich habe ihn einigemal aus Lyon erhalten, und **Helwig** fand ihn bey Braunschweig einigemal in einem Graben unter einen verfaulten Weidenschwamm im Frühjahr. Moll fand seinen Sulcatus nicht selten in etwas ausgetrocknetem Kuhmiste, niemals aber im frischen.

13. Hister flavicornis.

Sechs und dreissigste Tafel. Fig. 2. a. b.

Mus. *Hellwig*. Hister ater, glaber, antennis flavis, pedibus piceis.

Es ist dieser Käfer nicht viel grösser, als eine Floh; schwarz, glatt; die Gestalt länglich und ziemlich schmal. Die Fühlhörner sind gelb. Der Brustschild ist glatt, ohne Rand. Ein Schildlein ist nicht sichtbar. Die Deckschilde sind glatt, bedecken fast den ganzen Hinterleib; nur bey starker Vergrösserung wird man oben ausserhalb einige ganz verloschene Furchen gewahr; auch erscheint alsdann die Oberfläche fein punktirt. Die Füsse sind pechbraun.

Das Vaterland ist **Deutschland**, und man findet ihn unter der Rinde der Eichbäume, auch wohl erstorbener Fichtenstämme.

14. Hister caesus.

Sechs und dreissigste Tafel. Fig. 3. a. b.

Mus. *Hellwig*. Hister ater, glaber, antennis ferrugineis, pedibus piceis.

Die

Dieser Käfer ist dem vorigen sehr nahe verwandt, aber noch kleiner, kaum wie eine mittelmäßige Floh, etwas gewölbter wie der vorige, schwarz, glatt; der Brustschild hat einen erhöheten Rand; die Fühlhörner sind rostfarbig; ein Schildlein wird man nicht gewahr; die Deckschilde sind glatt, ohne Furchen, und bedecken fast den ganzen Leib. Die Füsse sind pechbraun.

Man findet ihn in **Deutschland** unter der Rinde der Tannenbäume.

15. Hister minutus.

Sechs und dreissigste Tafel. Fig. 4. a. b.

Mus. *Herbst.* Hister minutissimus piceus, glaber.

Einer der allerkleinsten Käfer, denn er hat kaum die Grösse eines Mohnsaamenkorns. Er ist überall glatt und pechbraun; mehr kann man nichts an ihm erkennen; die Deckschilde bedecken den ganzen Hinterleib.

Er lebt in **Deutschland** unter Baumrinden.

16. Hister punctatus.

Sechs und dreissigste Tafel. Fig. 5. a. b.

Mus. *Hellwig.* H. ater, glaber, thorace elytrisque subtiliter punctatis.

Auch dieser Käfer ist klein, aber doch wohl eine Linie lang, glatt, schwarz, ziemlich rund und breit; der Brustschild hat keinen Rand, aber ist ungemein fein punktirt. Eben so sind auch die Deckschilde, die meist den ganzen Hinterleib bedecken. Auch findet man bey einer starken Vergrösserung drey bis vier gebogene Punktreihen ausserhalb von der Wurzel an bis zur Hälfte herunter. Die Füsse und Fühlhörner sind pechbraun; auch scheint der Hinterrand der Deckschilde rostfarbig durch. Das Vaterland ist **Deutschland.**

17. Hister purpurascens.

Sechs und dreyssigste Tafel. Fig. 6. a. b.

Mus. *Herbst.* Hister ater, elytris disco purpurascente.

Dieser Käfer wird von einigen für den **Linnéischen** Bimaculatus gehalten; so scheint **Schrank** seiner Beschreibung nach diesen Käfer vor Augen gehabt zu haben. Seine Grösse ist wie ein kleines Exemplar vom Unicolor. Der Brustschild ist schwarz, mit einer einfachen Furche hinter dem Vorder- und Seitenrande. Das Schildlein ist sichtbar. Die Deckschilde sind sehr glatt, schwarz, aber das ganze mittlere Feld ist purpurroth, welche Farbe sich allmählig in die schwarze Grundfarbe verliert. Jedes Deckschild hat ausserhalb fünf ganze Furchen, und zwey halbe innerhalb bis zur Hälfte hin-

hinauf. Unten ist der Käfer schwarz, fein punktirt; die Schienbeine sind breit und dunkelbraun. Das Vaterland ist Deutschland.

18. Hister sinuatus.

Sechs und dreyssigste Tafel. Fig. 7. a. b.

Mus. *Schneider.* Hister ater, elytris fasciis duabus rubris extus adhaerentibus.

Voet Coleopt. tab. 31. f. 3. H. *direptor.*

Dieser Käfer wurde mir vom Hrn. Advokat **Schneider** in Stralsund unter dem Namen H. affinis zugeschickt; er ist aber schon vorher von andern sinuatus genannt. Er ist fast grösser wie unicolor, und von 4 maculatus gewiß verschieden, obgleich er gewiß oft mit demselben verwechselt wird; der Brustschild ist breit, schwarz, glatt, ohne Rand, doch steht die gewöhnliche Furche vorne und an den Seiten. Die Deckschilde sind glatt, schwarz, auf jedem stehen zwey purpurrothe Flecke, die die Gestalt einer Binde haben, nur gehen sie nicht ganz durch, und berühren nicht die Nath; die eine steht an der Wurzel des Deckschildes, die andre unter der Mitte; am Aussenrande nähern sie sich und fliessen in einander. Auch stehen vom Aussenrande bis zur Mitte vier Längsfurchen, und noch eine fängt unten an, hört aber bald wieder auf; die

innere

innere Hälfte ist ganz glatt. Der ganze Käfer ist schwarz. Die Vorderfüsse haben ganz ungemein breite, dreymal gezahnte Schienbeine.

Ich habe noch zwey Käfer vor mir aus der Sammlung des Hrn. Not. **Hübner** in Halle, die ich für Varietäten des jezt beschriebenen halte. Der eine hat dieselbe Grösse und Gestalt. Oben an der Wurzel der Deckschilde steht eine rothe, unterbrochene, aus mehreren Flecken zusammengeflossene Binde, die aber nicht bis an die Nath reicht; und unter der Mitte steht auf der Mitte des Feldes ein kleiner rother Punkt. Der andre ist etwas kürzer und breiter; und er hat auch oben die rothe Binde, die sich aber am Seitenrande etwas herunter zieht, und der untere rothe Fleck ist viel grösser, und zieht sich ausserhalb etwas in die Höhe.

Ich getraue mir nicht, des **Scriba** 4 maculatus od. 4 notatus hieben zu citiren, die er in seinen Beyträgen zur Insektengeschichte 1s Heft beschrieben und abgebildet hat, da weder Zeichnung noch Beschreibung genau mit diesem Käfer zusammenstimmen. Aber doch möchte ich sie auch nicht gern für eigene Arten annehmen, weil ich wirklich glaube, daß man hieben zu sehr ins kleine geht, und bloße Spielarten für eigene Arten hält. Die Anzahl der Furchen entscheidet wirklich

nichts,

nichts, denn diese weicht alle Augenblicke ab; eben so wenig die Grösse und Gestalt der Flecken, die gewiß eben so unbestimmt ist.

Das Vaterland ist Deutschland.

19. Hister bimaculatus.

Sechs und dreyssigste Tafel. Fig. 8. a. b.

Lin. S. N. 2. 567. 5. H. ater, elytris postice rubris. Fn. Su. 442.
Voet Coleopt. tab. 31. f. 2. H. *dilaniator*.

Dieser wahre H. bimaculatus wird oft mit dem oben beschriebenen H. fimetarius verwechselt, von dem er sich dadurch bestimmt unterscheidet, daß der Hintertheil der Deckschilde roth ist, welche rothe Farbe sich ausserhalb an den Seiten in die Höhe zieht. Der Käfer ist nur klein, Kopf und Brustschild sind schwarz und glatt, die Knöpfe an den Fühlhörnern rostfarbig, die Deckschilde schwarz, auf jedem sind sieben Striche, von denen die sechs äusseren bis meist oben zur Einlenkung hinauf gehen; der siebente, der vom sechsten mehr entfernt und neben der Nath mit ihr parallel ist, erreicht kaum die Hälfte von unten herauf. Der Hinterleib und die Füsse sind schwarz.

Das

Das Vaterland ist **Europa**; ich habe aber eben diesen Käfer auch aus **Nordamerika** erhalten, doch ist derselbe ein wenig grösser; auf den Deckschilden stehen vier bogenförmige, von der Wurzel ausgehende punktirte Striche bis auf die Mitte; am Ende sind die Deckschilde innerhalb fein punktirt.

20. Hister maximus.

Sechs und dreyssigste Tafel. Fig. 9.

Lin. S. N. 2. 566. n. 1. H. totus ater, elytris substriatis Muf. Lud. Ulr. 36.

Voet Coleopt. t. 31. f. 7. H. berbiceus major.

Götze ent. Beytr. 1. S. 161. n. 1. Der größte einfarbige indianische Stutzkäfer.

Müller Uebers. d. N. S. S. 114. n. 1. Der Indianer.

Drury Inf. tom. 3. tab. 84. f. 4. Hister maxillosus.

Warum **Fabricius** diesen Käfer aus seinem System weggelassen hat, weiß ich nicht. Ich habe die Abbildung desselben nur aus dem **Voetschen** Werke nehmen müssen, weil ich zu der Zeit, als die Platte gestochen wurde, diesen Käfer noch nie gesehen hatte. Aber nun noch zu rechter Zeit habe ich ihn selbst aus Surinam erhalten, und kann also das, was

der

der Abbildung fehlen möchte, durch eine desto genauere Beschreibung ersetzen. Mein Exemplar ist noch etwas grösser, als die Abbildung ihn zeigt, die sonst übrigens ziemlich genau ist. Die Gestalt des Käfers ist nicht so kugelförmig wie bey den meisten andern, sondern länglicher, ziemlich breit, nach hinten zu schmaler, auch ziemlich flach. Die Farbe ist überall glänzend schwarz. Der Kopf ist glatt, am Hinterrande punktirt. Das Gebiß ist merkwürdig; es sind nämlich die Freßzangen nicht von gleicher Beschaffenheit; die linke ist etwas länger als die rechte; sie hat an dem innern Rande eine Erweiterung, auf welcher nach oben zu eine kleine Spitze, und meist an der Wurzel unterhalb ein Zahn steht; die rechte Zange ist kürzer, hat auch unterhalb ein Zähnchen, anstatt der Erweiterung aber einige Büschel rothgelber Haare, und oben nach der Spitze zu ein Zähnchen. Die Fühlhörner haben erst das lange Glied, welches auf einem kleinen Wurzelgliede steht, alsdann folgen sechs fast kugelförmige Glieder, wovon die oberen immer etwas grösser werden, alsdann folgt ein platter, eyförmiger, aschgrauer, einfacher Knopf; dieser ist unten auf einer Seite ausgeschnitten, und in diesem Ausschnitte steht noch ein siebentes kleines kugelförmiges Glied. Der Brustschild ist sehr breit, breiter als die Deckschilde, vorne am breitesten, an den Seiten und hinten fast zirkelförmig abgerundet, an den Seiten gerandet, aber

der

der Rand verliert sich nach hinten zu; am Vorderrande ist für den Kopf ein starker mondförmiger Ausschnitt. Ein Schildlein ist gar nicht da. Die Deckschilde sind nicht viel länger, als der Brustschild, und werden nach hinten zu schmäler. Sie sind sehr glatt, an den Seiten stehen vier Striche, von welchen aber die inneren unterbrochen sind. Die zwey lezten unbedeckten Bauchringe sind punktirt. Die Füsse sind kurz; die Schienbeine der Vorderfüsse sind breit, und durch einen starken Ausschnitt entstehen zwey große stumpfe Zähne am Aussenrande. Die Schienbeine der übrigen Füsse sind ausserhalb mit sehr vielen feinen, kurzen, dicht an einander sitzenden rostfarbigen Dornen bewafnet, auch stehen am innern Rande einige einzelne. Unten tritt der Brustknochen in eine dreyeckige Spitze vor; und das dritte Paar Füsse steht weit vom zweyten Paare ab, und also sehr nach hinten hin.

Das Vaterland ist **Surinam.**

21. Hister major.

Sechs und dreyssigste Tafel. Fig. 10.

Lin. S. N. 2. 566. n. 2. H. totus ater elytris substriatis, thoracis marginibus subtiliter pilosis.

Fabr. S. E. 52. 1. Spec. Insect. 1. 61. 1. Mant. 1. 32. 1.

Voet

Voet Coleopt. T. 31. fig. 6.

Götze ent. Beytr. 1. S. 161. n. 2. **Der große afrikanische Stutzkäfer.**

Müller Uebers. d. N. S. S. 115. n. 2. **Der Afrikaner.**

Dieser Käfer, von dem ich ein Exemplar aus dem **Knochschen** Kabinet in Braunschweig vor mir habe, ist dem H. unicolor ungemein ähnlich, aber er ist noch einhalbmal so groß, sehr glänzend schwarz, der Kopfschild ein wenig höckricht, und ihm fehlt die Furche hinter dem Umrisse, die der Unicolor hat; das Zangengebiß ist lang, und hat innerhalb in der Mitte einen sehr starken Zahn. Die Kolbe der Fühlhörner ist etwas länglicht, aber man kann auch bey dieser nicht die geringste Spur entdecken, daß sie aus 3 Gliedern bestände. Der Brustschild ist ungemein glatt und glänzend, an den Seiten steht eine schwache Furche, die nicht ganz bis oben hinauf reicht, aber hinter dem Vorderrande ist gar keine. Die Deckschilde sind glänzend schwarz, breit, an der Nath etwas erhöht, ausserhalb stehen auf jedem 5 Furchen, und eine halbe innerhalb, die aber nur ganz verloschen ist. Die Schienbeine der Füsse sind sehr breit, an den Vorderfüssen dreymal gezahnt, wie bey den Mistkäfern, an den übrigen Füssen ist der Rand mit lauter feinen Dornen dicht besezt, und auch jedes Gelenk des Fußblattes läuft innerhalb in einen Dorn aus. Das Vaterland ist **Indien.**

22. Hister Cyaneus.

Sechs und dreyssigste Tafel. Fig. 11. a. b.

Fabric. S. E. 52. 3. H. thorace aeneo, elytris coerulescentibus. Spec. Inf. 1. 60. 3. Mont. 1. 32. 4. Götze ent. Beytr. 1. S. 164. n. 2. Der neuholländische himmelblaue Stutzkäfer.

Er hat die Gestalt und Größe des Unicolor; der Kopfschild ist dunkel gefärbt, der Brustschild ist kupferglänzend glatt, mit einem dunkeln etwas punktirten Rande. Die Deckschilde sind blauglänzend, sehr glatt, abgekürzt, und an der Wurzel schief gestreift. Der Leib hat einen blauen Glanz; die Füsse sind schwarz.

Fabricius giebt diesem Käfer Neuholland zum Vaterlande, ich habe aber einen **ungarischen** Käfer aus der **Hübnerschen** Sammlung vor mir, auf dem die ganze Beschreibung auf das genaueste passet, nur daß noch hinzuzusetzen ist, daß die Deckschilde unterhalb schwach punktirt sind, und daß die Farbe mehr grünlich metallglänzend ist. Einen, diesem ganz ähnlichen Käfer, habe ich aus **Neujork** erhalten.

23. Hister picipes.

Sechs und dreyssigste Tafel. Fig. 13. a. b.

Mus. *Hübn.* Hist. ater, glaber, subtiliter punctatus, elytris margine exteriori rufo, pedibus piceis.

Es ist dieser Käfer, der sich in der Hübnerschen Sammlung befindet, sehr klein, überall glatt und schwarz, die Oberfläche sehr fein punktirt: die Deckschilde haben keine Furchen, aber der Aussenrand sowohl an den Seiten als hinten ist rostfarbig, und sie bedecken nicht völlig den Hinterleib, welcher am Ende sehr stumpf abgestutzt ist. Die Füsse sind pechbraun, und die ganze Gestalt des Käfers ist dem oben beschriebenen H. parallepipedus ähnlich. Das Vaterland ist mir unbekannt.

24. Hister surinamensis.

Sieben und dreyssigste Tafel. Fig. 1.

Mus. *Herbst.* Hister ater depressus laevis, elytris unisulcatis.

Voet Coleopt. tab. 31. f. 8. Hist. berbiceus minor.

Es ist dieser Käfer fast der oben beschriebene H. planus im großen; wenigstens dreymal größer, als jener, im übrigen ihn sehr ähnlich, überall matt schwarz, der Kopf klein, die Augenhöhlen treten ausserhalb in einen Zahn vor; das Zangengebiß ist glatt ohne Zähne; die Fühlhörner sind schwarz, aber der Knopf grau; die Freßspitzen sind rostfarbig. Der Brustschild ist glatt, fast rund, ohne Rand, vorne stark ausgeschnitten. Das Schildlein ist nur wie ein kleiner Punkt. Die

Deckschilde sind glatt, und haben ausserhalb eine ganz herunterlaufende tiefe Furche, hinter welcher noch an der Wurzel eine zweyte anfängt, aber gleich wieder aufhört. Der Hinterleib ist glatt, am Aussenrande einigemal bogenförmig ausgeschnitten; hinter den Deckschilden läuft eine punktirte Furche, und der Zwischenraum ist fein punktirt, so wie auch am Ende und an den Seiten der ganze Hinterleib. Die Füsse sind kurz, alle Schienbeine stark gezahnt; das hinterste Fußpaar steht sehr weit zurück. Das Vaterland ist **Surinam.**

25. Hister politus.

Sieben und dreyssigste Tafel. Fig. 2.

Mus. *Herbst*. H. ater glaberrimus splendens clypeo excavato.

Ich habe diesen Käfer so eben aus **Surinam** erhalten. Er ist dem H. unicolor an Größe und Gestalt gleich, sehr glänzend schwarz und glatt. Der Kopfschild hat in der Mitte eine sehr große tiefe Aushöhlung. Der Brustschild hat nur einen einfachen, schmalen, erhöheten Rand, ohne eine hinter demselben laufende Furche; wodurch er sich vom H. unicolor unterscheidet. Die Deckschilde sind ungemein glatt, und haben nur oben an der Wurzel eine schwache Spur von zwey Strichen. Der Hinterleib ist punktirt.

26. Hi-

26. Hister dubius.

Muſ. *Heiſe.* Hiſt. ater, antennis infractis ferrugineis, elytris longioribus.

Ich bekam dieſen Käfer zu ſpät vom Hrn. Hof-Medikus **Heiſe** zu Dresden, daß ich ihn alſo nicht habe abbilden können. Er ſchreibt mir zwar, es ſey der H. pygmaeus, und ſelbſt **Fabricius** habe dies von ihm erfahren, aber ich kann ihn durchaus nicht dafür erkennen, denn er hat faſt nichts mit dem H. unicolor überein, dem jener doch ſo ähnlich ſeyn ſoll; ja ich habe ihn deshalb dubius genannt, weil er kaum noch unter die Hiſters zu zählen iſt. Die Geſtalt iſt dem Hiſt. aeneus am ähnlichſten; er iſt ohngefähr anderthalb Linien lang. Der Kopfſchild iſt glatt und ſchwarz wie der ganze Käfer; nur die Fühlhörner ſind roſtfarbig; ſie weichen aber ganz von den Fühlhörnern dieſer Gattung ab; ſie ſind kurz und nicht gebrochen; das erſte Glied iſt zwar dicker als die übrigen, aber nur kurz; dann folgen fünf kleine kugelförmige Glieder, und dann kommt der Knopf, der aus einem einzigen großen kugelförmigen Gelenke beſteht. Das Maul hat gar keine vorſtehende Freßzangen. Der Bruſtſchild iſt glatt, nicht ſehr gewölbt, groß und breit, ohne Rand und Seitenfurchen, fein punktirt. Ein Schildlein iſt gar nicht ſichtbar. Die Deckſchilde ſind faſt ſo lang als der Leib, hinten abgeſtutzt, punktirt, an den Seiten stehen viertehalb punktirte Striche. Die Schienbeine der Vorderfüsse sind sehr breit, platt, am Aussenrande einigemal gezahnt, und am Ende steht ein einwärts gekrümmter Hacken; Fußblätter hat das vor mir habende Exemplar an diesen Füssen nicht, aber wohl die übrigen, deren Schienbeine weniger breit, am hintersten Paare am schmalsten aber längsten, und auch mit einigen unmerklichen Zähnchen bewafnet sind. Die Farbe der Füsse ist braun.

Man findet ihn um **Dresden**.

27. Hister pygmaeus.

Lin. S. N. 1. 567. 4. H. ater, elytris laevissimis. Faun. Su. 441.

Fabr. S. E. 53. 5. Spec. Inf. 1. 61. 5. Mant. 1. 32. 7.

Degeer Inf. 4. 199. 4. Escarbot nain.

Schäf. Icon. tab. 42. f. 10.

Götze ent. Beyträge 1. 162. n. 4. Das schwedische Zwerglein.

Müller Uebers. d. N. S. p. 116. n. 4. t. 3. f. 8.

Es ist dieser Käfer vielleicht nur eine kleine Abart des Unicolor; nicht größer als ein Reiskorn, überall ganz schwarz, und die Deckschilde glatt ohne alle Furchen. Ich habe ihn daher auch nicht abbilden wollen, weil die **Schäfersche** Abbildung viel zu undeutlich

lich ist. Ich glaube, daß der im Muſ. Leskiano bey no. 90. angeführte neue Hiſter eben dieser ist. Er wird also beschrieben: H. unicolor, glaber, elytris ſtriis tribus integris duabusque parvulis, interne ad marginem poſticum. H. unicolori 4plo minor.

Das Vaterland ist das nördliche Europa.

28. Hiſter abbreviatus.

Fabric. S. E. 53. 6. H. ater elytris crenato ſtriatis, ſtriis interiobus abbreviatis. Spec. Inſ. 1. 61. 6. Mant. 1. 32. 9.

Götze ent. Beytr. 1. 164. n. 4. Der nordamerikanische Kurzstrich.

Es ist dieser Käfer dem vorigen Pygmaeus an Gestalt vollkommen gleich, schwarz und glänzend, die Deckschilde haben 4 gekerbte Striche, und zwischen diesen und der Nath sind noch zwey kurze. Das Vaterland ist das nördliche Amerika.

29. Hiſter detritus.

Fabr. S. E. 53. 10. Hiſt. ater, elytris piceis apice obſcuris. Spec. Inſ. 1. 62. 10. Mant. 1. 33. 13.

Götze ent. Beytr. 1. S. 165. n. 6. Der neuholländische verblaßte Stutzkäfer.

Es hat dieser Käfer die Grösse des vorigen und ist überall glänzend schwarz. Die Deckschilde sind an der Wurzel etwas pechfarbig, mit vier schiefen Strichen, deren äussere kürzer sind. Die Spitze ist dunkel, punktirt und gleichsam abgerieben. Das Uebrige der Deckschilde ist pechbraun. Das Vaterland ist Neu-Holland.

30. Hister Nanus.

Degeer Inf. 4. S. 119. n. 4. Hister minimus, nigro fuscus apice elytrorum obscure rufescens, Elytris, striis 4 dimidiatis curvis.

Scriba Beyträge zur Insektengesch. 1. S. 50. n. 14. tab. 5. f. 7. a. b. Entomol. Journal, 1. S. 73. n. 74.

Füeßly neues entomol. Magaz. 2. p. 171. n. 104. Hister fimetarius.

Ob dieser Käfer wirklich eine neue Art sey, oder nur mit zu den vorigen kleinen Arten gehöre, kann ich nicht genau bestimmen. Er ist ungemein klein, nicht grösser als ein Floh, braunschwärzlich glänzend, am Ende der Deckschilde braunröthlich, auf denselben sind vier halbe gekrümmte Striche. Die Füsse sind hellbraun; die Schienbeine der Vorderfüsse haben drey bis vier Zähne. Er hält sich vermuthlich im Miste auf. Das Vaterland ist Europa. Es muß dieser

Käfer nicht mit dem Hist. nanus in Pillers Reisen verwechselt werden, den ich aber nicht als eine eigene Art aufführen kann, weil seine Beschreibung zu unbestimmt ist, und die davon gegebene Abbildung und Vergrößerung so wenig die Gestalt eines Histers hat, daß man noch zweifelhafter wird, ob dieser Käfer wirklich hierher gehöre. Wenn man überhaupt nicht auf die Furchen auf den Deckschilden Rücksicht nimmt, die in der That sehr unbestimmt zu seyn scheinen; so möchten noch wohl einige von den jezt beschriebenen Arten wegfallen müssen.

Ich hätte noch einige Arten dieser Gattung anführen können, wenn es nicht zu zweifelhaft wäre, ob sie nicht vielleicht blosse Spielarten der hier beschriebenen sind, welches von diesen letzten selbst schon hie und da zu befürchten ist. In dem Verzeichniß des akademischen Naturalienkabinets zu Upsal finde ich noch zwey Histers aufgeführt, nämlich H. gigas und elongatus, wovon aber weiter keine Beschreibung gegeben wird, als daß vom letzten gesagt wird, er sey schwarz und fadenförmig länglich.

Neunte Gattung
der
Käferartigen Insekten.
Sphaeridium.

Ich lasse diese Gattung darum gleich auf die Zisters folgen, weil sowohl ihre äussere Gestalt als auch die Beschaffenheit der einzelnen Theile jenen am nächsten kommt. Die Käfer, welche zu dieser Gattung gehören, sind vom **Linné** unter die **Dermesten** und **Silphen** gesetzt, so viele nemlich damals von ihnen schon bekannt waren. **Fabricius** brachte sie aber, da er noch mehrere bisher unbekannte Arten hinzufügen konnte, unter eine besondere Gattung, die er wegen der kugelförmigen Gestalt dieser Käfer Sphaeridium nennet. Er bestimmt diese Gattung also:

Vier fadenförmige ungleiche **Freßspitzen.**

Die äusseren länger, viergliedrigt, das zweyte daran größer, sie sitzen an der Maxille fest.

Die inneren sehr kurz, dreygliederigt, unter der Spitze der Lippe eingelenkt.

Die

Die **Kinnlade** hornartig, gebogen, zugespitzt, unbewafnet.

Die **Maxille** vorgestreckt, etwas gebogen, an der Spitze häutig, abgerundet, gespalten.

Die **Fühlhörner** keulförmig, die Keule durchblättert, und besteht aus drey verdickten Gliedern.

Da ich bey Bestimmung der Gattungen gar nicht auf die Freßwerkzeuge, sondern auf die äussere Gestalt und auf die Fühlhörner sehe, so werde ich auch andere Gattungskennzeichen angeben müssen, wozu ich folgende festsetzen will.

Die Gestalt ist stumpf eyrund. tab. F. fig. 5.

Die **Fühlhörner** haben das unterste Glied lang, darauf vier kleine Glieder und dann am Ende einen aus drey großen Gliedern bestehenden Knopf.

An den **Füßen** sind die Schienbeine bewafnet, und das Fußblatt besteht aus 5 Gliedern.

Nach diesen Kennzeichen werde ich einige Käfer wieder aus dieser Gattung wegnehmen müssen, die ich in meinem kritischen Verzeichniß im Archiv mit darunter gesetzt hatte, und auch von andern Entomologen hierher gezogen werden. Ich kann auch nicht dafür stehen, ob alle, die **Fabricius** darunter gebracht,

nach

nach meiner Bestimmung auch dafür angenommen werden können; da ich sie aber nur aus seiner Beschreibung kenne, so muß ich sie auch darunter stehen lassen. Es kostet unsägliche Schwierigkeiten, die unzählige Menge kleiner Käfer unter ihre Gattungen mit Sicherheit zu bringen, weil sie so in einander übergehen, daß man nicht weiß, wo man die Grenze jeder Gattung ziehen soll. So giebt es viele **Dermesten, Wasserkäfer** und andre, deren Gestalt mit den **Sphäridien** so gleichförmig, der Unterschied der Fühlhörner so geringe, oft gar nicht deutlich zu erkennen ist, daß es fast unmöglich ist, hierin ganz ins Reine zu kommen. Ich werde von diesen theils in meiner Sammlung befindlichen, theils von andern mir mitgetheilten unter sich so ähnlichen Käfern nur diejenigen unter diese Gattung bringen, deren Fühlhörner das erste Glied lang haben.

Alle bisher bekannte **Sphäridien** sind nur klein; der größte unter ihnen hat ohngefähr einen viertel Zoll länge. Die Gestalt dieser Käfer Instrukt. Tafel F. fig. 5. hält die Mitte zwischen kugelrund und eyrund, doch ziehen sich einige ein wenig mehr in die länge, so daß ihr Umriß oval ist.

Der Kopf unterscheidet sich von den **Histern** dadurch, daß er nicht so tief im Brustschilde steckt, und

die

die Freßzangen nicht so weit vorstehen. Die äussern Freßspitzen sind viel länger als die innern.

Die **Fühlhörner**, als das Hauptkennzeichen, kommen denen der Histern am nächsten, fig. 6. ihr erstes Glied hat fast die länge aller übrigen zusammen; es ist fast überall gleich breit. Alsdann folgen einige unter sich gleiche ganz kleine Glieder; ihre Anzahl ist nicht ganz genau bestimmt; es scheinen mir aber immer viere zu seyn. Darauf folgt der Knopf, der nicht so kugelförmig ist, wie bey den Histern, sondern cylindrisch; er besteht aus drey deutlich abgesetzten Gliedern von gleicher Größe; das letzte ist am Ende abgerundet.

In **Voet** ist ein solches Fühlhorn tab. 32. fig. 1. A. zwar vergrößert vorgestellt, aber gewiß unrichtig; die drey großen Glieder haben eine ganz andre Gestalt, und hinter denselben sind noch zwey breite kurze Glieder gezeichnet, die sich doch nicht daselbst befinden; dagegen sind nur zwey kleine kugelförmige Glieder zu finden, von ungleicher Größe; welches alles nicht mit der Natur übereinstimmt.

Der **Brustschild** ist glatt, und ziemlich gewölbt.

Die **Deckschilde** umschliessen den ganzen leib, und sind ziemlich kugelförmig gewölbt; hinten sind sie etwas länger, als der leib.

Die

Die **Füße** sind an den Schienbeinen bewafnet; zwar nicht bey allen so stark gedornt, wie bey fig. 7. 8. 9., als welche Abbildungen nur eigentlich vom Sphaer. scarabaeoides hergenommen sind; aber doch auch bey denen Arten, wo die Schienbeine nicht gedornt sind, sind doch die Ränder fein sägeförmig gezahnt.

Die **Fußblätter** haben fünf Glieder, von welchen bey einigen Arten das letzte Glied der Vorderfüße groß ist, und verursacht, daß das ganze Fußblatt einwärts gekrümmt ist.

Alles Uebrige, was noch gesagt werden könnte, betrift nur einzelne Arten, und wird bey Beschreibung derselben vorkommen.

Man findet die meisten Arten dieser Gattung im Miste, oder auch wohl in vegetabilischen Fäulnissen. Vermuthlich geschieht auch ihre Erzeugung und Fortpflanzung daselbst, ob man gleich ihre Larven und deren Lebensart noch gar nicht kennet.

1. Sphaeridium Scarabaeoides.

Sieben und dreyssigste Tafel. Fig. 1. und A.

Lin. S. N. 563. 17. *Dermest. scarabaeoides* ovatus ater glaber, elytris maculis duabus obsoletis ferrugineis. Fn. Su. 428.

Fabr.

Fabric. S. E. 66. 1. *Sphaeridium* ovatum atrum, elytris maculis duabus ferrugineis. Spec. Inf. 1. 78. 1. Mant. 1. 43. 1.

Degeer Inf. 4. p. 200 n. 5. tab. 12. f. 17. *Hister testudinarius*, ovatus niger glaber, pedibus fuscis, elytris antice macula rubra postice flava.

Geoffr. Inf. 1. 106. 17. *Dermest. hortensis.*

Laichart tyrol. Inf. 1. 80 n. 1.

Schrank Enum. Inf. Austr. 25. n. 43. *Dermest.* quadrimaculatus.

de *Villers* Entomol. 1. p. 50. n. 16.

Müller Zool. Dan. prodr. p. 56. n. 494.

Müller Uebers. d. N. S. p. 106. n. 17. Der Distelfuß.

Götze ent. Beytr. 1. S. 135. n. 17. Der Erdkolbenkäferartige Hautfresser.

Scriba Journal 2tes Stück. S. 164. n. 102. Der Dungkäferartige Halbkugelkäfer.

Voet Coleopt. tab. 32. fig. 1. A, B, C, D. *Copri-oides bovisequs major.*

Schon die vielen Citate zeigen an, daß dieser Käfer nicht selten und in vielen Gegenden einheimisch seyn müsse. Nur des *Scopoli* Dermest. scarab. 36, der überall hierher gezogen wird, scheint nicht hierher zu gehören, woran auch schon **Laicharting** zweifelt, sondern derselbe ist sehr wahrscheinlich Silpha 2 pustulata Lin.

Lin. od. Nitidula Fabric. **Degeer** setzt diesen Käfer unter die Histers, welches mich rechtfertiget, daß ich diese Gattung gleich nach jenen folgen lasse. Die **Voetsche** Abbildung ist, daß ich wüßte, noch von niemanden citirt; sie gehört aber gewiß hierher, wenn gleich das vergrößerte Fühlhorn nicht richtig angezeigt ist.

Die Grundfarbe des Käfers ist schwarz. Der Kopfschild ist fast scheibenförmig rund, glatt, und ziemlich flach, ganz ohne Rand. Die Fühlhörner sind rostfarbig, der Knopf an denselben dunkelgrau; am letzten Gliede desselben ist unterhalb ein Ausschnitt, als wäre ein Stück abgerissen. Der Brustschild ist glatt, schwarz, gewölbt, sehr breit, an den Seiten herunterhangend, und mit einem kaum merklichen Rande, bisweilen findet man an den Seiten eine rostfarbige Einfassung. Die Deckschilde haben die Breite des Brustschildes, schliessen dicht an denselben an; sie sind rund, gewölbt, glatt, schwarz, hinten stark abgerundet, ohne Rand. Auf denselben steht ein rother Fleck oben nach der Schulter zu; die Größe desselben ist nicht allzeit gleich. Bald ist er groß und deutlich, bald verloschen; bey kleinern fehlt er auch oft gänzlich. Ein anderer gelbrother Flecken nimmt die ganze Spitze der Deckschilde ein, und könnte eher eine Binde heissen, er ist am obern Rande gezackt. Das Schildlein ist lang, aber nur schmal. Bey sehr starker Vergrößerung findet

man,

man, daß die ganze Oberfläche, so glatt sie auch zu seyn scheint, doch sehr fein punktirt ist. Die Vorderfüße sind an diesem Käfer besonders: man sehe die Instrukt. Taf. F. fig. 7. Die Hüfte b ist an einem großen breiten Gliede a eingelenkt, welches sich über die Hüfte in eine kleine Spitze verlängert, diese ist breit, glatt, schwarzbraun, mit einem rostfarbigen Flecken; das Schienbein c ist schwarz, rostfarbig gefleckt, und mit langen, spitzigen Dornen bewafnet. Von den fünf Fußblättern, die kurz sind, und dicht auf einander sitzen, ist das letzte viel größer als die übrigen, und hat eine seltsame Gestalt, die ich bey fig. 8. stark vergrößert vorgestellet habe; es hat die Gestalt eines hohlen Kelches einer aufgehenden Blume; auf demselben sitzt ausserhalb die Klaue, welche auf dem Rücken noch einen Dorn hat, und innerhalb steht noch eine kleine Spitze. Da man das nicht bey allen Käfern so findet, so ist es vermuthlich ein Geschlechtsunterschied, wie bey den Wasserkäfern. Die übrigen Füße fig. 9 und 10. haben nichts ausserordentliches; sie sind schwarz mit rostfarbigen Flecken, die bisweilen fehlen, und die Schienbeine sind mit vielen spitzigen Dornen bewafnet. Die fünf Fußblätter sind ziemlich lang gezogen, gelbbraun, und das erste Glied ist länger als die übrigen. Der Bauch ist flach, fast etwas ausgehöhlt, und fahl schwarz.

Man findet diesen Käfer gemeiniglich im Miste, sowohl auf den Wiesen im Kuhmiste, als auf den landstraßen im Pferdemiste.

2 Sphaeridium bipustulatum.

Sieben und dreyssigste Tafel. Fig. 2 und B.

Fabr. Spec. Insect. I. p. 78. n. 2. Sph. atrum nitidum, elytris macula apicis rubra, pedibus piceis. Mant. I. 43. 2.

Es ist schwer zu bestimmen, ob diese unter sich so verwandten Käfer wirklich verschiedene Arten sind, denn ihre Zeichnungen sind so unbeständig, und gehen so unmerklich in einander über, daß man immer zweifelhaft bleiben muß. Dieser Käfer ist dem vorigen in allen Stücken gleich; nur fehlt der obere rothe Fleck auf den Deckschilden gänzlich; und der andre an der Spitze nimmt nicht die ganze Spitze ein, berührt auch nicht den Rand, sondern ist freystehend, und etwas mondförmig ausgeschnitten. So ists bey meinem Exemplare, aber wer kann sagen, daß es allzeit so ist? Die geringere Größe, die **Fabricius** mit zum Kennzeichen angiebt, ist eben so unsicher und unbeständig; denn mein Käfer ist völlig so groß, als der vorige. Die Füße sollen nach dem System pechbraun seyn, aber bey dem Meinigen sind sie ganz schwarz. Was

ich

ich bey dem Vorigen von den Vorderfüssen gesagt habe, das findet man auch an diesem.

Es lebt dieser Käfer mit dem vorigen gemeinschaftlich im Miste.

Einen andern Käfer, den ich aber auch nur für eine Varietät halte, finde ich in meiner Sammlung. Dieser ist etwas kleiner; anstatt des gelbrothen Flecken an der Spitze, hat dieser zwey rothe längliche Punkte neben einander stehen. Die Füße sind rostfarbig und schwarz gefleckt.

3. Sphaeridium marginatum.

Sieben und dreyssigste Tafel. Fig. 3. und c.

Muſ. *Herbſt*. Sphaer. atrum, thorace elytrisque margine ferrugineo.

Fabr. Mant. 1. 43. 5. Sph. laeve atrum elytrorum margine pedibusque ferrugineis.

Auch dieser Käfer ist dem vorigen sehr nahe verwandt; eben die Gestalt und Farbe; alle meine Exemplare sind etwas kleiner. Im übrigen ist er eben so unbeständig. Ich finde in meiner Sammlung folgende drey Abweichungen:

1. Der Brustschild hat einen rostfarbigen Rand; die Deckschilde haben an der Spitze eben den

gelben Flecken, wie beym Sphaer. scarabaeoides, der das ganze Ende einnimmt; von diesen geht eine rostfarbige Einfassung des Flügels bis oben hinauf. Die Füße sind schwarz, rostfarbig gefleckt.

2. Der Brustschild hat einen rostfarbigen Rand; an der Spitze stehen zwey kleine rostfarbige Flecken neben einander, wovon der innere die Nath berührt, und sich längst derselben bis ans Ende herunterzieht; die Füße sind gelbbraun, die Dornen sind schwarz, und auf der Mitte der Hüften steht eine schwarze Binde; diese Art ist auf der Kupfertafel abgebildet.

3. Ganz wie die zweyte Art, nur sind gar keine Flecken an der Spitze der Deckschilde befindlich.

Die beyden letzten Abweichungen habe ich vom Hrn. Notarius **Hübner** aus Halle erhalten, und sind daselbst zu finden.

4. Sphaeridium unipunctatum.

Sieben und dreyssigste Tafel. Fig. 4. und D.

Laichart. tyrol. Ins. 1. 83. 2. Sphaerid. nigrum macula elytrorum media nigra.

Ich

Ich wage es nicht, bey diesem Käfer des **Linné** Coccinella 1 punct. oder **Fabric.** *Scarab.* unipunct. anzuführen, wie **Laicharting** gethan hat. Die Gestalt dieses Käfers ist zwar einem **Scarabäo** sehr ähnlich, aber **Fabricius** würde doch die Fühlhörner und Füße nicht übersehen haben. Die Länge dieses Käfers beträgt ohngefähr eine Linie. Der Kopf ist glänzend schwarz. Die Fühlhörner sind gelbbraun, und die ziemlich großen Knöpfe derselben sind schwarz; das äussere Paar Freßspitzen ist lang, fadenförmig, und dies bringt diesen Käfer den kleinen **Hydrophilen** nahe. Der Brustschild ist glänzend schwarz, der Seitenrand desselben bräunlich gelb. Die Deckschilde sind gelblich braun, glatt; auf der Mitte der Nath steht ein großer gemeinschaftlicher dreyeckiger Fleck, der sich oben in eine Spitze an der Nath in die Höhe zieht; von demselben bis zur Spitze ist die Nath braun. Auf jedem Deckschilde stehen neun Reihen sehr fein punktirter Striche. Die Füße sind pechbraun; sie haben aber keine Stacheln, sondern der Rand ist nur fein gekerbt. Hier zu Lande ist dieser Käfer nicht häufig; aber im Tyrolschen soll er im Frühling zu Tausenden über den Misthaufen auf den Höfen in der Luft herumfliegen.

Laicharting beschreibt unter dem Namen Sph. xantopterum noch einen diesem ganz ähnlichen Käfer, dem blos der schwarze Flecken auf den Deckschilden

 fehlt;

fehlt; und von welchen er vermuthet, daß er vielleicht das andre Geschlecht des Sph. unipunct. sey; vielleicht ist es aber auch die Varietät vom Sphaerid. melanocephalum.

5. Sphaeridium ferrugineum.

Sieben und dreyssigste Tafel. Fig. 5. und E.

Fabr. Mant. 1. 43. 6. Sph. ferrugineum, elytris striatis.

Es ist dieses Käferchen kaum eine halbe Linie lang, sehr gewölbt und ziemlich kugelförmig, doch sind die Deckschilde am Ende etwas zugespitzt. Die Farbe ist nicht allzeit rostfarbig, sondern oft ganz schwarz; gemeiniglich sind Kopf und Brustschild dunkler von Farbe, und die Deckschilde pflegen am Ende etwas mehr ins Helle zu fallen. Der Kopf ist glatt, und gemeiniglich ganz dunkel; die Fühlhörner sind rostfarbig, der Knopf aber dunkel; der Brustschild ist glatt, gewölbt und dunkel pechbraun. Das Schildlein ist sehr klein, und kaum wahrzunehmen. Die Deckschilde sind bald rostfarbig, bald pechbraun, auch wohl fast schwarz; jedes hat neun Reihen ziemlich tief punktirter Striche. Die Füße sind pechbraun.

Man findet diesen Käfer hier zu Lande im Miste.

6. Sphae-

6. Sphaeridium bimaculatum.

Sieben und dreyssigste Tafel. Fig. 6. und F.

Mus. *Herbst*. Sphaerid. atrum, elytris macula magna laterali coccinea.

Dieser Käfer hat ziemlich das Ansehen einer Kozzinelle; er ist kaum eine halbe Linie lang, und fast ganz kugelförmig. Die Farbe ist überall glänzend schwarz; nur die Deckschilde haben oben an der Schulter bis an der Seite einen sehr großen rothen Flecken, der nach der Nath zu das Ansehen einer Binde annimmt, aber nicht ganz bis an die Nath reichet. Die Deckschilde sind zwar fein punktirt, aber nicht gestreift. Die Füsse sind gelbbraun, die Hüften haben einen dunkeln Flecken, und sind an den Hinterfüßen etwas breit. Die Schienbeine sind nicht gedornt. Das Schildlein ist nur klein; das Maul rostfarbig. Ich habe diesen Käfer nur sehr selten hier zu Lande gefunden.

Es ist dieser Käfer nicht mein Sphaeridium bimaculatum im Archiv 4. S. 30. n. 5., als welchen ich für des Fabric. Tritoma 2 pustulata halte.

7. Sphaeridium ruficolle.

Sieben und dreyssigste Tafel. Fig. 7. und G.

Fabr. Mant. 1. 43. 10. Sph. atrum, nitidum, thorace pedibusque anticis rufis.

Es hat dieser Käfer die Gestalt und Größe des vorigen; er ist stark gewölbt und glatt. Der Kopfschild ist schwarz, glatt, das Maul rothgelb; der Brustschild ist kurz, aber breit, glatt und rothgelb. Das Schildlein ist doch etwas größer als bey den vorigen Arten, wo es kaum zu erkennen war, und seine Gestalt ist völlig dreyeckig. Die Deckschilde sind kugelförmig, ungemein glatt, schwarz, ohne Rand, Striche oder Punkte. Der Leib ist unten braun, die Füße sind rostfarbig, doch die Hüften der Hinterfüße schwärzlich.

Es hält sich dieser Käfer bey Halle auf, und ich habe ihn vom Hrn. Notarius **Hübner** aus seiner Sammlung zum Abbilden erhalten.

8. Sphaeridium 4 maculatum.

Sieben und dreyssigste Tafel. Fig. 8. und H.

Herbst im Archiv. 4. p. 30. n. 6. tab. XX. fig. 19. Sphaer. atrum ovatum, elytris maculis duabus ferrugineis.

Schon in meinem kritischen Verzeichnisse hatte ich diesen noch unbekannten Käfer beschrieben; aber ich konnte damals, weil ich nur ein einziges nicht deutliches Exemplar vor mir hatte, nur aus dem Habitu schliessen, daß er hierher gehöre. Jezt weiß ich es gewiß,

wiß, nachdem ich mehrere und bessere Exemplare erlangt habe. Die Größe ist keine volle Linie; die Gestalt ist eyrund, die Oberfläche ungemein glatt und glänzend, gewölbt, die Farbe überall schwarz, ausgenommen daß auf jedem Deckschilde zwey rostfarbige runde Flecken stehen, der eine oberhalb fast auf der Mitte etwas nach der Schulter zu, der andre kleinere nicht weit vom Ende neben der Naht. Striche findet man auf den Deckschilden nicht. Das Schildlein ist nur klein. Die Füße sind hell pechbraun, und die Schienbeine etwas breit, aber platt; sie haben keine Stacheln, auch nimmt man nicht wahr, daß sie gekerbte Ränder hätten.

Man findet diesen Käfer hier sehr selten im Miste und auch wohl im Aase.

9. Sphaeridium haemorrhoidale.

Sieben und dreyssigste Tafel. Fig. 9. und I.

Fabric. Syst. Ent. 67. 5. atrum, elytris apice rufis, pedibus nigris. Species Inf. 1. 79. 7. Mant. 1. 43 9.

Laichart. tyrol. Ins. 1. 84. 4. Der rothaftrige Halbkugelkäfer.

Geoffr. Inf. 1. 308. n. 5.

Es hat dieser Käfer die Gestalt und Größe vom Sphaer. malanocephalum, und wird auch vom Hrn.

 Prof.

Prof. **Hellwig** für eine bloße Varietät desselben gehalten; allein wenn auch die Verschiedenheit der Farbe nichts entscheiden soll, so unterscheidet er sich doch von jenem schon hinreichend dadurch, daß die Deckschilde keine Striche haben, sondern nur sehr feine kaum sichtbare Punktreihen. Seine Länge beträgt ohngefähr anderthalb Linien, oft ist er aber noch kleiner und kaum eine Linie lang. Die Farbe ist überall glänzend schwarz, nur auf den Deckschilden blickt bisweilen um das Schildlein herum ein verloschenes Roth durch, und die Spitzen sind okergelb; **Laicharting** giebt sie als roth an; **Geoffroy** sagt, es wären rothe Flecken daselbst. Die Fühlhörner sind schwarz, die Füße pechbraun, oft schwarz mit gekerbten Rändern der Schienbeine.

Man findet diesen Käfer in verschiedenen Gegenden von **Deutschland**, **England** und **Frankreich** im Kuhmiste.

10. Sphaeridium melanocephalum.

Sieben und dreyssigste Tafel. Fig. 10. K, L, M.

Lin. S. N. 2. 563. n. 16. Dermestes melanocephalus niger ovatus glaber elytris griseis. Fn. Su. 425.

Fabric. S. E. 67. 4. Sphaer. atrum glabrum, elytris griseis macula communi baseos nigra. Spec. Inf. 1. 78. 6. Mant. 1. 43. 8.

Götze

Götze ent. Beytr. 1. S. 135. n. 16. Der Schwarzkopf.

Da dieser Käfer in Ansehung der Farbe so sehr abweicht, so ist es schwer, mit Gewißheit zu bestimmen, was für welche als bloße Varietäten anzusehen sind. Selbst die Größe ist unbestimmt, doch gemeiniglich zwischen einer und anderthalb Linien schwankend. Kopf und Brustschild sind allzeit glänzend schwarz und glatt. Aber die Deckschilde haben eine sehr verschiedene Zeichnung; eigentlich sollen sie wie bey K okergelb seyn, mit einem großen bogigten schwarzen gemeinschaftlichen Flecken an der Wurzel oder um das Schildlein herum, welches alsdann auch schwarz ist; bisweilen ist die Grundfarbe mehr ins Röthlichbraune fallend. Oft aber fehlt dieser Flecken gänzlich, wie bey L, und auch das Schildlein ist alsdann nicht schwarz; dies scheint der **Linnéische** Käfer zu seyn, und vielleicht auch Sph. xantopterum des **Laichartings**. Eine dritte Varietät bey M, wie wenigstens **Hellwig** es dafür hält, ist dunkel kastanienbraun; eine vierte rostfarbig und schwarzscheckig, und endlich eine, die ganz schwarz mit rostfarbigen Spitzen der Flügeldecken ist; die beyden leztern aber halte ich für Sphaerid. haemorrhoidale, wegen der glättern Deckschilde, da sie hingegen beym gegenwärtigen ziemlich stark gestreift sind, und in den Strichen stehen noch ein-

eingestochene Punkte. Der Leib ist schwarz, die Füße sind braun.

Das Vaterland ist Deutschland.

11. Sphaeridium minutum.

Sieben und dreyssigste Tafel. Fig. 11. N.

Fabr. S. E. 68 8. Sphaer. atrum, elytris striatis, pedibus concoloribus. Spec. Inf. 1. 79. n. 11. Mant. 1. 44. 14.

Die Länge des Käfers beträgt kaum eine Linie, und seine Gestalt ist ziemlich kugelförmig. Die Farbe ist überall schwarz; Kopf und Brustschild sind glatt, die Deckschilde aber sind punktirt und stark gefurcht; die Spitzen der Deckschilde sind okergelb, welches nicht blos durchscheinend ist; auch auf den Schultern blickt oft ein röthlicher Punkt hervor. Der Leib ist schwarz, die Füße sind rostfarbig, die Hüften etwas dunkler.

Er lebt gleichfalls im Miste in verschiedenen europäischen Ländern.

12. Sphaeridium dytiscoides.

Fabr. S. E. 67. n. 2. Sph. ferrugineum elytris atris. Spec. Inf. 1. 78. 3. Mant. 1. 43. 3.

Von

Von diesem und den folgenden Käfern kann ich keine Abbildung geben. Es soll derselbe die Größe und Gestalt des Sphaer. Scarabaeoides haben; er ist überall glänzend glatt. Die Fühlhörner sind fuchsroth und durchblättert, eben diese Farbe haben auch der Kopf, Brustschild, Brust- und Bauch; die Deckschilde sind schwarz und glatt.

Das Vaterland ist die Insel St. Helena.

13. Sphaeridium glabratum.

Fabr. Spec. Inſ. 1. 78. 4. Sph. atrum, antennis pedibusque rufis, elytris laevibus. Mant. 1. 43. 4.

Er hat die Gestalt des vorigen, ist aber kleiner; er ist überall glatt, schwarz, glänzend; die Fühlhörner und Füße sind rostfarbig.

Er lebt auf der Insel Madera.

14. Sphaeridium 4 pustulatum.

Fabr. S. E. 67. 6. Sph. atrum nitidum, thoracis margine elytrorumque macula sanguineis. Spec. Inſ. 1. 79. 8. Mant. 1. 43. 11.

Auch dieser hat die Gestalt der vorigen; die Fühlhörner sind sehr hervorstehend, schwarz, durchblättert; die

die Freßspitzen sind fadenförmig; der Brustschild ist schwarz, glänzend, der Rand roth. Die Deckschilde sind abgestutzt, schwarz, glänzend, und haben nach der Wurzel zu einen großen rothen Flecken; der Bauch ist sehr zugespitzt; die Füße sind schwarz.

Sein Vaterland ist **Neuholland**.

15. Sphaeridium fimetarium.

Fabr. S. E. 68. 7. Sph. atrum immaculatum, elytris laevissimis. Spec. Inf. 1. 79. 9. Mant. 1. 43. 12.

Von diesem Käferchen ist nichts weiter zu sagen, als daß er die Gestalt der vorigen hat, überall schwarz, ungefleckt und ungemein glatt ist.

Sein Vaterland ist **England**, und er lebt im Miste.

16. Sphaeridium atomarium.

Lin. S. N. 2. 574. 35. *Silpha* atomaria nigra subovata, elytris immarginatis, pedibus pallidis.

Fabr. S. E. 67. 3. Sphaer. laeve atrum, elytris crenato striatis, pedibus pallidis. Spec. Inf. 1. 78. 5. Mant. 1. 43. 7.

Laichart. tyrol. Inf. 1. 83. n. 3. Der gelbfüßige Halbkugelkäfer.

Geoffr.

Geoffr. Inſ. 1. 117 19. Dermeſtes niger ſubrotundus elytris ſtriatis.

Götze ent. Beytr. 1. S. 189. n. 35. **Die Blumenmilbe.**

Er iſt ſchwarz, länglich eyrund, und ſehr klein, die Deckſchilde ſind punktirt geſtreift; **Laicharting** will eine kleine röthliche Einfaſſung derſelben wahrgenommen haben; die Füße ſind gelblich oder blaß roſtfarbig.

Er lebt im Kuhmiſte.

17. Sphaeridium ſeminulum.

Lin. S. N. 2. 570. 8. Silpha ſeminulum ovata atra, nitida immaculata, abdomine rubro. Fn. Su. 447.

Fabr. Spec. Inſ. 1. 79. 10. Sph. atrum, abdomine pedibusque rufis. Mant. 1. 44. 15.

Götze entomolog. Beyträge 1. S. 178. n. 8. **Das Saamenkorn.**

Dieſer Käfer iſt überall glänzend ſchwarz, nur der Bauch und die Füße ſind fuchsroth. Wenn ſich dieſer Käfer zuſammenzieht, und ruhig liegt, dann ſieht er völlig einem Saamenkorne ähnlich.

Man

Man findet ihn in Gärten auf Blumen. Dies sollte fast zweifeln lassen, daß er wirklich hierher gehöre.

Noch führt **Fabricius** im System einen Käfer auf, unter dem Namen Sphaer. pulicarium; dieser kann aber nicht hierher gehören, da obige Kennzeichen an ihm nicht zu finden sind; auch scheint der Verfasser selbst zweifelhaft zu seyn.

Zehnte Gattung
der
Käferartigen Insekten.
Tetratoma.

Ich sehe mich genöthigt, einige Käfer unter eine neue eigene Gattung zu bringen, die zum Theil noch gar nicht bekannt gewesen, zum Theil unter die **Sphäridien** und **Dermesten** gebracht worden sind. Ihre ganze Gestalt ist auch jenen ungemein ähnlich, selbst die einzelnen Theile stimmen in vielen Stücken mit denselben überein. Nur die **Fühlhörner**, die ich als ein Hauptkennzeichen der Gattungen angenommen habe, erlauben es nicht, diese Käfer für wahre Sphäridien zu halten. Das Kennzeichen dieser Gattung ist also:

Fühlhörner, die am Ende vier große Glieder haben. Man sehe Instrukt. Tafel F. fig. 12—14. Diese Fühlhörner sind also von den Fühlhörnern der Sphäridien durch die zwey sichtbaren Merkmale unter-

 schieden,

schieden, daß sie einmal nicht gebrochen sind, d. i. daß das unterste Glied nicht die halbe länge derselben ausmacht; man vergleiche fig. 6. mit fig 12., und zum andern, daß nicht drey sondern vier Glieder am Ende groß sind; auch sind sie nicht so dicht in einander geschoben, daß sie einen Knopf bildeten, sondern größtentheils ziemlich weit von einander abgesetzt. Die folgenden fünf Glieder sind klein und rund, aber sie sitzen gleichfalls nicht so dicht auf einander, wie bey den Sphäridien; das letzte von ihnen nach dem Kopfe zu ist oft ein wenig größer, und das darauf folgende oder erste Glied ist ein beträchtliches dicker. Nicht bey allen hierher gehörigen Arten sind die Fühlhörner ganz gleich; bey den meisten wie bey fig. 12., bey einigen aber sind die vier großen Glieder etwas weiter auseinander, und jedes mit zwey Borsten besetzt; fig. 14. bey einer Art finde ich das letzte große Glied oder die Spitze etwas länger gezogen, und das fünfte oder erste der fünf kleinen Glieder etwas größer als die übrigen, fig. 13.

Da diese Käfer insgesammt sehr klein sind, so ist es fast unmöglich, die Freßwerkzeuge zu untersuchen. Bey einigen deutlichen Exemplaren fand ich die Freßzangen sehr stark, fig. 11. und zweymal gezahnt; der Kopf geht zwischen denselben in eine dreyeckige Lippe aus; die Freßspitzen scheinen eben so viel Glieder zu haben,

haben, wie bey den meisten Gattungen, nur kann man es nicht recht deutlich wahrnehmen; die Fühlhörner sind dicht hinter den Freßzangen an den Seiten des Kopfes unter den Augen eingelenkt.

Der Leib und die Gestalt der meisten **Tetratomen** ist kugelförmig; bey wenigen etwas länglicher. Die Füße sind bey einigen sehr stark gedornt, grade so wie bey den Sphäridien; bey andern sind die Ränder fein gekerbt, und bey andern ganz glatt. Die Schienbeine sind durchgängig etwas platt, oft ziemlich breit; die Fußblätter haben fünf Glieder.

Der Aufenthalt dieser Käfer ist nicht eigentlich im Miste, sondern mehr unter der Rinde der Bäume, in faulen Stubben und im Holzmehl in den Höhlungen der Bäume. Ich wüßte von keinem, den ich selbst gefangen, oder von andern Insektenfreunden empfangen, wobey sie den Ort angezeigt haben, an welchem sie ihn gefunden, mit Gewißheit zu sagen, daß er im Miste gefunden sey.

1. Tetratoma armata.

Acht und dreyssigste Tafel. Fig. 1. und A.

Mus. *Herbst.* Tetr. globosa ferruginea, elytris striatopunctatis, pedibus spinosis.

Es ist dieser Käfer nicht völlig anderthalb Linien lang, sehr glänzend glatt, gewölbt, kugelförmig, überall rostfarbig; der Kopf ziemlich groß mit einem starken Zangengebiß; der Brustschild gewölbt, glatt, und von gleicher Breite mit den Deckschilden. Das Schildlein ist klein. Die Deckschilde sind glatt und durch punktirte Linien gestreift. Alle Füße sind mit vielen langen spitzigen Dornen besetzt.

Man findet ihn um Berlin obgleich selten, und wo ich nicht irre, auf den Knochen verweseter Thiere.

2. Tetratoma globosa.

Acht und dreyssigste Tafel. Fig. 2. und B.

Mus. *Herbst.* Tetr. ferruginea gibbosa, elytris glabris fusco variegatis.

Dieser Käfer ist dem vorigen ungemein ähnlich, aber etwas kleiner, ebenfalls rostfarbig, glänzend glatt, kugelförmig, aber noch mehr gewölbt, so daß das kürzere Brustschild fast etwas bucklig wird. Die vier großen Glieder der Fühlhörner haben eine dunklere Farbe. Das Schildlein ist kaum sichtbar. Die kugelförmigen Deckschilde sind ganz glatt, ohne punktirte Striche, und durch braunere Schattirungen etwas scheckig. Die Füße sind nicht eigentlich gedornt, sondern

dern vielmehr in viele feine dichte Spitzen sägeförmig gekerbt.

Man findet ihn in hiesigen Gegenden, obgleich selten, in faulen Baumstämmen.

3. Tetratoma castanea.

Acht und dreissigste Tafel. Fig. 3. und C.

Mus. *Herbst.* Tetr. castanea thorace margine ferrugineo, antennis apice griseis, elytris punctatis.

Dieser Käfer ist nicht völlig so stark gewölbt, wie die beyden vorigen; seine Länge beträgt anderthalb Linien; die Farbe ist überall sehr dunkel kastanienbraun; der Brustschild hat an den Seiten und hinten einen rostfarbigen Rand, welches aber fast mehr das durchscheinende Licht zu seyn scheint. Die Deckschilde sind fein punktirt, aber nicht gestreift. Die Fühlhörner sind unten rostfarbig, aber die vier großen ziemlich lang gezogenen Glieder sind aschgrau. Unten ist der Käfer rostfarbig; die Ränder der Schienbeine sind sehr fein sägeförmig gekerbt.

Ich habe ihn um Berlin nur einmal aus der Luft gefangen.

4. Tetratoma atra.

Acht und dreyssigste Tafel. Fig. 4. und D.

Mus. *Herbst.* Tetr. globosa atra, glabra, antennis longioribus.

Es ist dieser Käfer nicht völlig anderthalb Linien lang, kugelförmig, gewölbt, sehr dunkel schwarz, ungemein glatt, ohne alle Punkte und Striche auf den Brustschilde und Flügeldecken. Das Schildlein ist ziemlich groß. Am deutlichsten unterscheidet er sich von den übrigen durch die längeren Fühlhörner, indem die sechs kleinen Glieder nicht kugelförmig, sondern etwas lang gezogen sind. Die Fußblätter sind rostfarbig.

Ich habe ihn hier herum nur einmal gefangen.

5. Tetratoma humerale.

Acht und dreyssigste Tafel. Fig. 5. und E.

Mus. *Herbst.* Tetr. atra, elytris macula rubra humerali, antennis ferrugineis apice griseis.

Die Größe des Käfers ist etwas verschieden, bald kleiner ohngefähr eine Linie lang, bald meist zwey Linien lang. Der Kopfschild ist dunkelbraun mit durchscheinenden rostfarbigen Seiten, ungemein glatt; die Fühlhörner rostfarbig, aber die vier großen Glieder asch-

aschgrau. Der Brustschild ist glatt, schwarz. Die Ränder scheinen rostfarbig durch. Die Deckschilde sind schwarz; oben auf den Schultern steht ein großer rother Flecken. Bey größern Exemplaren haben die Deckschilde gegen das Licht einen gelblichen Wiederschein, der durch nicht sichtbaren kurzen Härchen verursacht wird; bey kleineren finde ich sie ganz glatt und fein punktirt; das dreyeckige Schildlein ist ziemlich groß. Die Füße sind rostfarbig, und die Ränder der Schienbeine ganz dicht mit feinen Dornen besetzt.

Man findet ihn hier selten.

6. Tetratoma clavipes.

Acht und dreyssigste Tafel. Fig. 6. und F.

Muſ. *Hellwig.* Tetr. caſtaneo variegata globoſa glabra, femoribus poſticis clavatis dentatis.

Er ist etwas größer, wie die vorigen, an zwey Linien lang, kugelförmig, gewölbt, glatt, die Farbe ist überall etwas rostfarbig braun, hie und da mit einigen dunkleren Schattirungen; die großen Glieder der Fühlhörner sind greiß, aber das letzte rostfarbig. Der Brustschild ist groß und breit, ungemein glatt. Die Deckschilde haben keine Striche; sie sind oben breit, gehen aber hinten etwas schmäler aus. Die Füße sind rostfarbig, die Hüften breit, an den Hinterfüßen keulenförmig, nahe am Leibe dünn, aber bald sehr dick werdend, am innern Rande einigemal gezahnt. Die Ränder der Schienbeine haben feine Spitzen. Es scheint dies aber doch nur dem einen Geschlecht eigen zu seyn; denn ich besitze einen etwas kleineren Käfer, der diesem im übrigen ganz gleich ist, nur sind die Hüften weder gezahnt, noch die Hinterhüften merklich keulförmig.

Der Hr. Professor **Hellwig** in Braunschweig, der mir diesen Käfer gütig mittheilte, hat ihn im verfaulten Schwamme gefunden.

7. Tetratoma dermestoides.

Acht und dreyssigste Tafel. Fig. 7. und G.

Muf. *Hellwig*. Tetrat. capite nigro, thorace ferrugineo, elytris cyaneis.

Es nähert sich dieser Käfer seiner Gestalt nach den Dermesten; er ist nicht so kugelförmig, sondern länglich und schmal. Man findet sowohl unter den Dermesten, als Ipsen und Chrysomelen Käfer, die beym ersten Anblick mit diesem ganz gleich sind, nur die Fühlhörner machen den Unterschied. Der Kopf ist schwarz, die Lippe und die Freßspitzen sind rothgelb: die

die Fühlhörner sind unterhalb auch rothgelb, die vier großen Glieder aber sind schwarz. Der Brustschild ist ziemlich flach, scheibenförmig rund, gesäumt, und wie bey den Chrysomelen gestaltet, fein punktirt, und gelbroth von Farbe. Das Schildlein ist klein. Die Flügeldecken sind länglich, schmal, stahlblau, fein punktirt, ohne Striche. Unten ist der Käfer schwarz, die Füße aber sind gelbroth, und die Schienbeine sind ungezahnt.

Hellwig hat ihn um Braunschweig herum nicht selten in Schwämmen gefunden.

8. Tetratoma ancora.

Acht und dreyssigste Tafel. Fig. 8. und H.

Mus. *Hellwig*. Tetr. oblonga atra, capite thoraceque rufo, elytris lividis maculis nigris.

Es hat dieser Käfer die Gestalt des Vorigen, nur ist er kleiner, anderthalb Linien lang, schmal und länglich; der Kopf ist rostfarbig, und so auch die Fühlhörner, doch sind die vier großen Glieder etwas dunkler. Der Brustschild ist rostfarbig, in der Mitte stark gewölbt, die Seiten etwas platt, gerandet. Das Schildlein ist klein; die Deckschilde sind fahl braungelb, mit vielen in einander gelaufenen großen schwarzen Flecken; auch sind sie punktirt, aber nicht gestreift. Unten ist der Leib schwarz, die Füße aber, der Kopf und Brustschild sind rothgelb.

Hellwig fand ihn im Januar in seinem Winter-Aufenthalt unter dem Moose eines Kastanienbaums vor Braunschweig.

9. Tetratoma ferruginea.

Acht und dreyssigste Tafel. Fig. 9. und I.

Muſ. *Hellwig*. Tetr. tota ferruginea, pedibus ſubtiliter ſpinoſis.

Auch dieser Käfer hat eine etwas längliche Gestalt, doch nicht so sehr, als die beyden vorigen. Er ist überall rostfarbig braun, glatt, gewölbt, anderthalb Linien lang. Die Deckschilde sind unmerklich punktirt gestreift. Die Schienbeine haben feine Dornen, und an den Hinterfüßen sind sie ein wenig einwärts gekrümmt, lang, und das erste Glied der Fußblätter ein wenig länger.

Da **Hellwig** ihn im Fluge gefangen, so ist sein eigentlicher Aufenthalt noch nicht bekannt. Wenn ich nicht oben unter den Sphäridien einen kleineren rostfarbigen Käfer für den Sphaerid. ferrugin. des **Fabricius** angenommen hätte, so würde dieser dafür zu halten seyn.

10. Tetratoma orbicularis.

Acht und dreyssigste Tafel. Fig. 10. und K.

Muf. *Hellwig.* Tetrat. parva, globofa, orbicularis, atra, pedibus et articulo antennorum ultimo ferrugineis.

Dieses Käferchen ist keine Linie lang, und fast ganz kugelförmig rund; überall glatt und schwarz; die Deckschilde scheinen am Ende rostfarbig durch, und haben weder Punkte noch Striche. Die Fühlhörner sind schwarz, aber das äusserste Glied ist rostfarbig oder fast röthlich gelb. Die Füße sind rostfarbig, doch etwas dunkelbraun; die Schienbeine unbewafnet. Der Leib ist schwarz.

Hellwig fand ihn unter Baumrinden.

Eilfte Gattung
der
Käferartigen Insekten.

Megatoma.

Die Käfer, welche ich zu dieser neuen Gattung rechne, weiß ich unter keine schon bestimmte Gattung schicklich unterzubringen. Sie gehören freylich im Allgemeinen zu denen, deren Fühlhörner drey große Gelenke haben; aber in wie viele Gattungen sind nicht diese schon von den neueren Entomologen vertheilt; warum sollte man diese nicht noch vermehren, wenn man Besonderheiten findet, vermittelst welcher man sie bestimmt und deutlich von andern absondern kann. Je mehr die Gattungen vervielfältiget und die einzelnen Arten einer jeden vermindert werden können, desto leichter wird das System. Zum Kennzeichen dieser Gattung nehme ich folgendes an:

Die **Fühlhörner** haben am Ende drey große Gelenke, die vorzüglich lang sind, so daß sie fast die ganze Länge wenigstens über die Hälfte einnehmen, freylich nicht allezeit auf einerley Art; bald ist das letzte Gelenke länger als alle übrigen zusammen, bald ist das letzte und das dritte der drey großen Gelenke vorzüglich lang.

Im übrigen haben die Käfer, die mir zu dieser Gattung gehörig bisher bekannt sind, eine den **Dermesten** ähnliche Gestalt; sie ist cylindrisch, ziemlich gewölbt, der Kopf ist klein und fliegenartig, der Brustschild ist so breit, als die Deckschilde, und schliesset dicht an dieselben an. Doch dies alles wünsche ich nicht als Gattungskennzeichen anzusehen, sondern nur die Beschaffenheit der Fühlhörner allein dazu anzunehmen, und alle Käfer, die man noch in der Folge entdecken mögte, deren Fühlhörner so beschaffen sind, mit unter diese Gattung zu setzen, wenn auch ihre sonstige Gestalt etwas anders wäre.

Die Lebensart dieser Käfer ist, wie bey den Dermesten, ungemein verschieden.

I. Megatoma Schäferi.

Neun und dreyssigste Tafel. Fig. I. a. b.

Mus. *Herbst.* Megat. atra, articulo antennarum ultimo longissimo, tarsis antennisque basi ferrugineis.

Schä-

Schäfers Zweifel und Schwierigkeiten in der Insektenlehre. tab. 1. f. VIII. h.

Es wundert mich, daß dieses Schäferschen Käfers nachher in keinem Werke oder System gedacht wird; er muß also wohl unter die sehr seltenen gehören, und ich habe ihn auch nur ein einzigesmal in hiesigen Gegenden gefangen. Er ist ohngefähr zwey Linien lang, überall schwarz; der Kopf ist klein; die Gestalt der Fühlhörner ist bey b zu erkennen; das erste Glied nämlich ist ausserordentlich lang, etwas einwärts gekrümmt, platt, wird nach dem Ende zu etwas schmaler und ist stumpf zugespitzt, schwarz von Farbe; die beyden folgenden Gelenke sind zwar ein wenig breiter, aber sehr kurz, so daß sie kaum zu erkennen sind, ihre Farbe ist so wie bey den folgenden fünf kleinen kugelförmigen Gliedern rostfarbig. Der Brustschild ist groß, stark gewölbt; über dem Schildlein etwas zugespitzt, auf der Fläche fein punktirt, an den Seiten nicht gerandet. Das Schildlein ist klein. Die Deckschilde sind überall gleich breit, hinten stumpf abgerundet, völlig so lang als der Hinterleib, oberhalb gewölbt, fein punktirt, ohne alle Striche. Die Füße sind pechbraun, die Schienbeine glatt, etwas platt, die fünf Fußblätter sind rostfarbig und ziemlich lang gezogen.

Das Vaterland ist Deutschland.

2. Me-

2. Megatoma atra.

Neun und dreyssigste Tafel. Fig. 2. a. b.

Muſ. *Herbſt.* Meg. atra, convexa, pedibus piceis.

Auch dieſer Käfer iſt mir nur einmal vorgekommen; Er iſt dem vorigen ungemein ähnlich, eben die Größe, eben die Geſtalt und Farbe; nur finde ich ihn noch etwas mehr gewölbt. Das äuſſerſte Gelenke der Fühlhörner iſt, wie b zeigt, bey weiten nicht ſo lang als beym vorigen, dagegen ſind die beyden folgenden etwas länger, auch ſind alle drey nicht völlig ſo platt, wie beym vorigen: die Farbe derſelben iſt pechbraun. Alsdann folgen fünf kleine kugelförmige Glieder und ein ziemlich dickes Einlenkungsglied; ihre Farbe iſt gelbroth. Der Kopf iſt gleichfalls klein und fliegenartig. Der breite groſſe Bruſtſchild iſt vorne ſehr ſtark gewölbt, oberhalb fein punktirt. Das Schildlein iſt klein; die Deckſchilde ſind fein punktirt, und in allen Stücken, wie beym erſten. Die Füße ſind pechbraun, die Fußblätter lang gezogen. Das Vaterland iſt Deutſchland.

3. Metagoma brevicornis.

Neun und dreyſſigſte Tafel. Fig. 3. a. b.

Muſ. *Herbſt.* Megat. atra, antennis brevibus, pedibus piceis.

Wie-

Wieder ein Käfer, der den beyden vorigen ungemein ähnlich ist; nur sind die Fühlhörner in Vergleichung mit den vorigen nur kurz; von den drey großen Gliedern ist das zweyte viel kürzer als das erste und dritte; fig. 3. b; die Farbe ist schwarz; alsdann kommen vier kleine kugelförmige, und zuletzt ein ziemlich langes Einlenkungsglied, ihre Farbe ist gelbroth; sie sitzen zwischen den Augen und der Lippe, und also ziemlich nahe an einander. Der ganze Käfer ist schwarz, etwas schmaler als die vorigen und auch etwas flacher; im übrigen ihnen ähnlich. Die Füße sind pechbraun. Sein Vaterland ist Deutschland.

4. Megatoma undulata.

Neun und dreyssigste Tafel. Fig 4. a. b.

Mus. *Herbst*. Megat. atra hirta, elytris fasciis duabus griseis undulatis.

Es hat dieser Käfer so ganz genau die Gestalt, Größe und Zeichnung des Dermestes undatus, daß man ihn nothwendig dafür annehmen müßte, wenn nicht die Fühlhörner es verböten; denn diese haben am Ende weit längere große Glieder, als bey jenem; von diesen dreyen ist das mittelste nur kurz; alsdann folgen zwey ganz kleine kugelförmige, ein drittes etwas grösseres und ein noch größeres Einlenkungsglied. Die Farbe des ganzen Käfers ist ein ungemein tiefes

Schwarz.

Schwarz. Der Brustschild ist am Kopfe etwas schmäler, als bey dem vorigen, hinter dem Halse stark gewölbt, und über den Deckschilden an den Seiten etwas eingedrückt; neben diesen Vertiefungen steht ausserhalb ein aus greisen Haaren bestehender kleiner Flecken, und ein dritter auf der Spitze über dem Schildlein; auch stehen auf der Oberfläche so wie auch auf den Deckschilden einzelne greise Haare; auch haben die letzteren noch zwey wellenförmige aus Haaren bestehende Binden, die eine über, die andre unter der Mitte. Die Füße sind nach Verhältniß ungemein dünne. Das Vaterland ist **Deutschland.**

5. Megatoma picea.

Neun und dreyssigste Tafel. Fig. 5. a. b. c.

Mus. *Herbst.* Meg. picea, tibiis bispinosis, tarsis posticis longissimis.

Es gehört dieser Käfer nicht mehr ganz genau hierher; die Gestalt ist zwar den vorigen noch ähnlich, aber die Fühlhörner weichen schon sehr ab; ich wüßte indessen keine Käfergattung, wo man ihm schicklicher seinen Platz anweisen könnte. Er hat so ziemlich die Gestalt der vorigen, doch nicht völlig; der Kopf ist klein, etwas herunterhangend; die Fühlhörner stehen an der Wurzel fast dicht an einander; sie sind rostfarbig; die drey obersten Gelenke fig. 5. b. sind groß, breit, fast unter sich gleich, das folgende vierte ist schon kleiner, die folgenden fünf nehmen immer mehr an Größe ab, das letzte Einlenkungsglied ist wieder größer und länger. Der Brustschild ist dunkel pechbraun, gewölbt, ungerandet, vorne schmal, wie der Kopf, hinten so breit, wie die Deckschilde, an welche er dicht anschließt; er ist nach Verhältniß des Käfers sehr kurz, glatt; am Hinterrande ist über der Mitte jedes Deckschildes eine kleine Vertiefung. Das Schildlein ist ungemein klein, und kaum zu erkennen. Die Deckschilde sind nach Verhältniß lang, überall gleich breit, hinten stumpf abgerundet, glatt, ohne Striche und Punkte, nur bey einer starken Vergrößerung erscheinen sie etwas narbicht; sie sind pechbraun, nach hinten zu etwas heller. Ein Kennzeichen, aus welchem dieser Käfer leicht zu erkennen ist, findet man an der Beschaffenheit der Hinterfüße. An denselben sind die Schienbeine ungemein kurz, fig. 5. c; und haben am Ende innerhalb zwey sehr lange Dornen; die Fußblätter sind desto länger, insonderheit das erste, welches das Schienbein an länge übertrift, die übrigen nehmen immer mehr an länge ab, nur alle sind sehr dünne; am mittlern Fußpaar ist das Schienbein ein wenig länger, am Ende ist ein Dorn, und die Fußblätter sind kürzer; die Vorderfüße haben nichts Merkwürdiges, und die Fußblätter sind noch kürzer. Ich habe diesen Käfer vom Hrn. Hofmed. Heise in Dresden erhalten, und er ist in dortiger Gegend gefangen.

Zwölfte

Zwölfte Gattung der Käferartigen Insekten.

Pausus. Hackenkäfer.

Diese Käfergattung ist bisher fast ganz unbekannt geblieben, und noch in kein System aufgenommen, obgleich Hr. **Andreas Dahl** schon im Jahr 1775 dieselbe in einer Dissertation *) bekannt gemacht hat. Man fand diesen Käfer unter einer Menge Insekten, die der berühmte Dr. **Fothergill** aus **London** im nördlichen **Amerika** gesammlet, und dem Ritter v. **Linné** zugesandt hatte. Nachher hat **Thunberg** noch zwey neue Arten am **Cap** entdeckt, und im zweyten Bande der neuen schwedischen Abhandlungen beschrieben. Ich lasse diese Käfergattung hier folgen, weil die Fühlhörner einige Aehnlichkeit mit denen der vorigen Gattung haben.

*) Andreas Dahl Dissertatio entomologica, **Bigas Insectorum** sistens, &c. Upsal 1775.

Die Generischen Kennzeichen sind folgende:

Die **Fühlhörner** sind kolbenförmig, haben nur zwey Glieder, die Kolbe ist dicht und **hakenförmig**, wie ein Haken oder Angel gebildet.

Die übrigen angegebenen Kennzeichen, nämlich daß der Brustschild schmäler, als der Leib, und daß die Deckschilde am Ende abgestutzt sind, möchten wohl zu unsicher seyn, als daß man sie für Gattungskennzeichen annehmen könnte; aber durch die Fühlhörner wird diese Gattung bestimmt genug.

1. Pausus microcephalus.

Neun und dreyssigste Tafel. Fig. 6. a. b.

A. Dahl. Dissert. *Pauss.* ater capite minutissimo, thorace angusto depresso, elytra picea laevia inflexa tenuia.
Archiv der Insektengeschichte, 3tes Heft, tab. 13.

Es hat dieser Käfer die Größe des gemeinen Speckkäfers (Dermest. lardar.) Die Farbe ist schwarz, nur die Deckschilde sind pechbraun. Der Kopf ist sehr klein; die Fühlhörner sind desto größer, zweygliedricht, das unterste Glied oder der Stiel ist schmaler und kleiner, das äussere ist größer, dicht, kolbigt und hackenförmig, wie fig. 6. b. am besten vorstellen läßt. Der Brustschild ist schmal, platt, und hat vorne eine queerstehende kielförmige Erhöhung. Die Deckschilde sind glatt,

glatt, weich, etwas länger als der Hinterleib, dünne, am Ende abgestutzt, einwärts umgeschlagen. Der Hinterleib ist am Ende fast grade abgestutzt. Die Füße sind schwarz, und die Fußblätter haben vier Glieder. Das Vaterland ist das nördliche **Amerika.**

2. Paussus ruber.

Neue Schwed. Abhandl. Uebers. 2r B. S. 171.
Pauſ. totus rufescens, thorace antice eroſo, elytra truncata, margine exteriori deflexa.

Es hat dieser Käfer die Größe des Notoxus monoceros; er ist länglich, platt, dunkelroth, glatt. Der Kopf hat vorne einen erhöheten Rand, in der Mitte ist er platt und verengert, hinten in die Queere erhoben, und in einen an beyden Seiten vorstehenden Dorn erweitert. Oberhalb steht vorne in der Mitte eine erhöhete Runzel, die zwischen den Augen gespalten ist. Die Fühlhörner haben die Gestalt der Staubfäden in den Lilien, sind zweygliedricht; das unterste ist kleiner, cylindrisch, das äussere ist breit, platt, an der Wurzel herzförmig, an der Spitze ausgefressen, gefurcht, wie ein gespaltener Staubfaden. Der Brustschild ist vorne ausgefressen; das Schildlein ist schwarz. Die Deckschilde sind mehr fuchsroth, der äussere Rand abhangend, kürzer als der Hinterleib, am Ende abgestutzt. Das Vaterland ist der Cap.

3. Pausus lineatus.

Neun und dreyssigste Tafel. Fig. 7. a. b.

Neue Schwed. Abhandl. Uebers. 2r B. S. 172. tab. III. fig. 4. Pausus capite collo cylindrico a capite separato; elytra linearia, linea in medio lata fusca.

Die Größe dieses Käfers ist ohngefähr wie beym Carab. 4 pustulat; die Gestalt länglich und platt, glatt; die Farbe röthlich. Der Kopf ist etwas eckig rund, durch eingedruckte Punkte ungleich, gerandet, und durch einen cylindrischen Hals vom Brustschilde abgesondert. Die Fühlhörner haben zwey Glieder; das unterste Wurzelglied ist pfriemenförmig, das obere ist zweymal dicker, platt, stumpf, unten abgestutzt, und der äussere Winkel geht in einen Dorn aus. Die Freßspitzen sind kurz. Der Brustschild ist ungleich, an jeder Seite einmal gedornt, vorne erhoben, hinten abgerundet, in der Mitte sind drey eingedrückte Vertiefungen. Die Deckschilde sind überall gleich breit, abgestutzt, kürzer als der Hinterleib, auf der Mitte eines jeden steht ein breiter brauner Streif. Die Füße haben Klauen. Das Vaterland ist der Cap.

Drey-

Dreyzehnte Gattung
der
Käferartigen Insekten.
Dorkatoma.

Wenn ich gleich von dieser neuen von mir angenommenen Käfergattung nur erst eine einzige Art anführen kann, so fürchte ich deshalb nicht, getadelt zu werden, da nicht die mehrere Anzahl der Arten, sondern die Eigenheiten die Gattungen bestimmen können. Genug ich weiß diesen Käfer unter keine bekannte Gattung unterzubringen, und also nehme ich ihn für eine eigne Gattung an; der Name derselben bezieht sich auf die Hirschgeweih ähnlichen Fühlhörner, die das Gattungs-Kennzeichen ausmachen sollen.

Die Fühlhörner also haben am Ende drey große, weit von einander abstehende Glieder; das oberste ist schmal länglich rund, das zweyte und dritte aber erweitern sich innerhalb ungemein, und die obere Ecke

 geht

geht in eine Spitze aus; unten hingegen gehen diese drey Glieder so spitz zu, daß sie sich kaum zu berühren scheinen; die folgenden fünf Glieder sind sehr kurz, rund, zusammengedrückt und dicht auf einander sitzend, das oberste ist das kleinste, die übrigen nehmen immer etwas an Breite zu, und das letzte ist wieder sehr dick und plump. Es haben diese Fühlhörner ziemlich das Ansehen eines Hirschgeweihes; (man sehe die 39ste Tafel, fig. 7. b). Alles Uebrige, was von diesem Käfer zu sagen ist, gehört mehr zur specifischen als zur generischen Beschreibung.

1. Dorkatoma Dresdensis.

Neun und dreyssigste Tafel. Fig. 8. a. b.

Mus. *Herbst.* Dorc. atra, glabra, antennis pedibusque piceis.

Ich habe diesen Käfer durch die Güte des Hrn. Hofmedikus Heise erhalten, der ihn um Dresden gefangen hat. Er ist etwas über anderthalb Linien lang, stark gewölbt, länglich eyrund und überall glänzend schwarz. Der Kopf hat große etwas vorstehende Augen, er ist ziemlich flach und rund, die Fühlhörner sind pechbraun und auf oben beschriebene Art. Das Brustschild ist kurz, stark gewölbt, vorne verengert und nicht breiter als der Kopf; hinten erweitert er sich schnell bis

zur

zur Breite der Deckschilde, so daß die untern Ecken fast in eine Spitze auslaufen; er ist glänzend glatt. Die Deckschilde sind nach Verhältniß ziemlich breit und nicht lang, sie umschließen aber doch völlig den Hinterleib und After; sie sind stark gewölbt, schwarz, und glatt ohne Punkte und Striche. Die Füße sind pechbraun, dünne, glatt, die Schienbeine ziemlich lang, die Fußblätter sind sehr zart, kurz und haben nur drey Glieder, das erste Fußpaar ist ein wenig länger, als das zweyte.

Vierzehnte Gattung
der
Käferartigen Insekten.
Pselaphus.

Die Benennung dieser neuen Käfergattung habe ich vom Griechischen ψηλαφαω tango hergenommen, und es soll damit auf die besondre Gestalt der Fühlspitzen gezielt werden. Es hält schwer, sichere und bestimmte Gattungskennzeichen vom diesen seltsamen Käferchen anzugeben, weil man noch zu wenige Arten derselben kennt. Ich kann sie aber doch auch nicht unter eine schon bekannte Gattung bringen, weil sie unter keiner aufgesucht werden würden. Am ersten würde man sie noch unter die Gattung Paederus bringen können, wie es der Hr. Prof. **Hellwig** auch wirklich von einer Art gethan hat; allein vermuthlich hatte er die Fühlhörner noch nicht genau verglichen, sonst würde er es nicht gethan haben; denn die Gattung Paederus hat schnurförmige Fühlhörner, die am Ende eher dünner aber

nie

nie dicker werden. Das einzige sichere Kennzeichen dieser Gattung ausser ihrer ganzen Gestalt sind die Fühlhörner und Freßspitzen. Folgendes soll sie also bestimmen.

Die **Fühlhörner** (Instrukt. Tafel F. fig. 15.) sind nach Verhältniß des Körpers ungemein groß, dick und plump; sie bestehen aus eilf Glieder, von welchen das Wurzelglied groß, nicht aber bey allen Arten gleich groß und lang ist; das folgende Glied ist kleiner, alsdann folgen sechs noch kleinere kugelförmige Glieder; das folgende pflegt wieder größer zu werden, bisweilen nicht sehr merklich, und dann folgen am Ende zwey große Glieder b, wovon das letzte groß, plump, kugelförmig, doch aber etwas zugespitzt und unten etwas ausgeschnitten ist. Auch ihre Stellung ist sonderbar, denn sie sitzen fast am Ende der Lippe, bisweilen etwas höher. Der Kopf a. ist viereckig rund; die Augen stehen ziemlich weit nach dem Maule zu; am Ende verlängert sich der Kopf in eine breite, schaufelförmige, etwas gefaltene Lippe.

Die **Fühlspitzen** zeigen eine neue Merkwürdigkeit; man findet nur zwey, aber sie sind bey den meisten so ausserordentlich lang, daß sie fast die Fühlhörner an Länge übertreffen, und da sie dicht unter den Fühlhörnern sitzen, und an den Seiten hinter den Fühl-

hörnern

hörnern oft hervorstehen, so geräth man oft in Versuchung, diese für die Fühlhörner und jene für die Palpen zu halten; sie bestehen aus drey Gliedern; das erste ist lang, unten ganz fein, am Ende keulförmig; das zweyte ist kurz und fast kugelförmig, das dritte ist wieder sehr lang, überall gleich dünn, wie eine Borste, oben am Ende steht ein großer eyrunder Knopf.

Der **Brustschild** ist weit vom Kopfe abgesondert, schmal, cylindrisch, gewölbt, in der Mitte oft etwas dicker.

Die Deckschilde sind wieder vom Brustschilde weit abstehend, schmal, stark gewölbt, so daß sie oft fast blasenförmig in die Höhe stehen; bey den meisten Arten kaum halb so lang, als der Hinterleib. Unter ihnen liegen die weißen Unterflügel.

Die **Füße** fig. 16. haben Hüften, die am Leibe ganz dünne sind, am Ende keulförmig werden; die Schienbeine sind schmal, und werden am Ende etwas breiter. Die Fußblätter sind ganz ausserordentlich zart, fadenförmig, so daß auch bey der stärksten Vergrößerung die Anzahl der Glieder nicht deutlich erkannt werden kann. Ich habe bey ihnen, ausser einer einzigen Art, nur zwey Glieder und am Ende eine sehr zarte, fadenförmige, einfache Klaue c. entdecken können.

nen. Ueberhaupt sind die Füße nach Verhältniß des Käfers lang.

Die ganze Gestalt des Käfers gleicht am meisten einer sehr kleinen Ameise.

Alles Uebrige, was hiebey zu sagen ist, betrift die einzelnen Arten.

1. Pselaphus Heisei.

Neun und dreyssigste Tafel. Fig. 9. und a. fig. 10. und a.

Mus. *Herbst. Psel.* fuscus, elytris dimidiatis glabris, longissimis apice globosis.

Ich habe diesen Käfer billig nach dem Hrn. Hof-Medikus Heise in Dresden, einen so aufmerksamen und scharfsichtigen Beobachter der Natur, benannt, da er der Entdecker desselben ist. Die Länge dieses Thierchens beträgt kaum eine Linie; die Farbe ist überall hellbraun. Die Palpen sind ausserordentlich lang, das letzte Glied derselben, welches am Ende einen großen kugelförmigen Knopf hat, ist auswärts gebogen. Die großen, dicken Fühlhörner sitzen ganz am Ende des Mauls. Der Brustschild ist cylindrisch rund, sehr glatt, und nur sehr wenig in der Mitte breiter. Die Deckschilde erreichen nicht die halbe Länge des Hinterleibes; sie sind ungemein platt, blasenför-

mig

mig gewölbt, ohne alle Punkte und Furchen. Der Hinterleib ist bis ans Ende gleich breit, ja er wird fast am Ende noch breiter; er ist oberhalb glatt, etwas flach, hat an den Seiten einen in die Höhe gebogenen Rand; hinten ist er ziemlich schnell stumpf zugespitzt. Die Füße sind lang, die Hüften am Leibe sehr dünn, am Ende keulförmig. Die Fußblätter haben zwey Glieder.

Was den Aufenthalt dieses Käfers betrift, so meldet Heise von ihm, daß er ihn im Plauenschen Grunde an Bergen, die den Rücken gegen Abend kehren, und feuchten schattigten Boden hatten, unter Steinen sehr häufig gefunden, imgleichen unter faulen feuchten Baumrinden, vom Frühjahr bis im Herbst.

Fig. 9. a. b. hält Heise für das Männchen des Vorigen, welches aber wohl noch eine genauere Bestätigung erfordert, da er ihn nur ein einzigesmal, jenen aber so oft gefunden. Er ist ihm zwar sehr ähnlich, aber noch halbmal so groß. Die Palpen sind bey weiten nicht so lang. Der Hinterleib ist nicht so breit, sondern er geht allmählig spitz zu.

2. Pselaphus Dresdensis.

Neun und dreyssigste Tafel. Fig. 11. und P.

Mus. *Heise*. *Pselaph.* castaneus, glaber, elytris abbreviatis sulcatis.

Es

Es hat dieser Käfer die Gestalt des vorigen, aber noch etwas kleiner, auch ist er nicht so gewölbt, sondern etwas flacher. Die Farbe ist dunkel kastanienbraun, die Fühlhörner sind hellbraun, den vorigen gleich; die Freßspitzen sind nicht völlig so lang, aber sonst eben so gebildet. Der Brustschild erweitert sich an den Seiten in der Mitte, als wolle er daselbst fast in eine Spitze ausgehen. Die Deckschilde sind etwas länger, wie beym vorigen, ziemlich flach, und einige mal breit gefurcht, am Ende grade abgestutzt. Der Hinterleib wird am Ende etwas breiter, und spitzt sich alsdann stumpf zu. Die Füße sind sehr zart, und die Fußblätter haben nur zwey Glieder. Sein Aufenthalt ist um Dresden.

3. Pselaphus Hellwigii.

Neun und dreyssigste Tafel. Fig. 12. und a.

Mus. *Herbst. Pselaph.* fuscus glaber, elytris ovatis integris.

Diesen Käfer schickte mir Hr. Prof. **Hellwig** unter dem Namen Paederus interruptus. Allein die Fühlhörner erlauben es nicht, ihn unter diese Gattung zu bringen. Er hat völlig die Gestalt der vorigen; aber freylich weicht er schon ziemlich ab; die Palpen sind nicht so lang; die Deckschilde bedecken den ganzen Leib,

und

und die Fußblätter haben vier Glieder. Aber doch kann er füglich hierher gezogen werden. Die ganze Gestalt ist wie eine Ameise; die länge eine linie; der Kopf ist fast viereckig, glatt, stark gewölbt; die Fühlhörner sind wie bey den Vorigen, und sitzen auch am Maule; die Palpen sind zwar lang, aber doch bey weiten nicht so lang, wie bey den vorigen, auch sind die drey Glieder fast von gleicher länge; das letzte eyrund. Der Brustschild ist ungemein glänzend glatt, in der Mitte kugelförmig, und dann nach dem Kopfe und den Deckschilden zu etwas hingezogen. Die Deckschilde sind eyrund, sehr gewölbt, ungemein glatt, und sie bedecken den ganzen Leib; sie haben weder Striche noch Punkte. Die Füße sind ziemlich lang, und die Fußblätter haben vier lang gezogene Glieder, die eine ganz andre Gestalt haben, wie bey den Pädären.

Hellwig fand ihn unter der Eichenrinde um Braunschweig.

Funfzehnte Gattung
der
Käferartigen Insekten.
Dermestes.

Der Name dieser Gattung spielet darauf an, daß die zu dieser Gattung gehörigen Käfer so wie ihre Larven von Häuten, Pergament, Leder und andern dergleichen Dingen leben. Unter allen Käfergattungen ist keine, die mehrere Schwierigkeiten macht, als diese. **Linné** hat fast alle kleinen Käfer, die er sonst nirgends anbringen konnte, und deren Fühlhörner es nur erlaubten, unter diese Gattung gebracht. **Fabricius** hat freilich viele davon abgenommen, und sie unter mehrere neue Gattungen vertheilt, aber dadurch ist noch lange nicht allen Schwierigkeiten abgeholfen. Denn theils sind nach der Zeit schon wieder so viele kleine Käfer entdeckt, die man nirgends mit Sicherheit unterzubringen weiß, theils sind die Gattungskennzeichen selbst zu unbestimmt. Dazu kommt, daß dies

Heer kleiner Käfer unter sich so verschieden ist, daß fast jede einzelne Art eine eigene Gattung vorstellen könnte. Mit einemmal läßt sich unmöglich allen Verwirrungen abhelfen; es werden vielleicht noch viele Jahre hingehen, ehe man sichre und bestimmte Gattungskennzeichen festsetzt, die allen Verwechselungen, und Irrthümern ein Ende machen. Ich werde mich glücklich schätzen, wenn ich nur etwas weniges dazu beygetragen habe.

Zu den **Dermesten** rechne ich nur diejenigen Käfer, die folgende Kennzeichen haben:

Die **Gestalt** Tab. G. Fig. 1. ist cylindrisch; der Brustschild stark gewölbt, hinten am Hinterrande an beyden Seiten ausgeschnitten; er schließt gemeiniglich dicht an die Deckschilde an.

Die **Fühlhörner** Tab. G. Fig. 2. bestehen aus eilf Gliedern, die drey letzten sind grösser, und bilden eine Keule; die zwey untersten dieser drey Glieder sind am obern Rande ausgeschnitten; das oberste ist eyrund. Auf diesen grossen Gliedern folgen sieben kleine, die fast schnurförmig sind, und alsdann wieder ein grosses Wurzelglied. Die ganze Gestalt muß aus der Abbildung erkannt werden.

Die **Füße** haben vier fast fadenförmige Fußblätter, Tab. G. Fig. 3. und ein ziemlich langes Klauenglied.

Die

Die Lebensart dieser Käfer ist sehr verschieden. Einige leben in den Häusern, nähren sich als Larve und als Käfer von fetten Sachen, Häuten, Leder, auch thun sie den Naturalienkabinettern grossen Schaden. Von allen sind die Larven noch nicht bekannt. Um sich einen Begriff von ihren Larven zu machen, habe ich die vom Dermestes lardarius auf der Instruktionstafel G. bey Fig. 4. und vergrössert Fig. 5., die Puppe Fig. 6. und vergrössert Fig. 7. vorgestellet. Einige Dermesten findet man hingegen auf Pflanzen und Baumstämmen, und an vielen andern Orten.

1. Dermestes lardarius.

Vierzigste Tafel. Fig. 1. und A.

Lin. S. N. 2. 561. 1. Derm. niger, elytris antice cinereis. Faun. Su. 408.

Fabric. S. E. 55. 1. Spec. Inf. 1. 63. 1. Mantiff. 1. 34. 1.

Geoffr. Inf. 1. 101. 5.

Fourcroy Ent. parif. 1. n. 5. p. 18.

de Villers Ent. 1. 44. 1.

Scopol. Ent. Carn. 14. 34. Le Dermeste du lard.

Schrank Enum. 24. 40.

Poda Muf. gr. 22.

Frifch. Inf. 5. 25. Speckkäfer.

Laichart. tyrol. Inf. 1. 59. 1.

 v. Glei=

v. Gleichen neuestes aus dem Reiche der Pflanzen. Anhang. Tab. 9. p. 21. Der Federwurm.
Götze entomol. Beytr. 1. 127. n. 1.
Schäf. Elem. tab. 57. fig. 1. 2. Icon. 1. tab. 42. fig. 3.
Degeer Inf. 4. tab. 7. fig. 15.
Voet tab. 31. fig. 1. Salpa.

Es ist dieser Käfer überall bekannt genug, und die Natur hat ihn so deutlich gezeichnet, daß er nicht leicht verkannt und mit andern verwechselt werden kann. Er gehört mit zu den Größten dieser Gattung, und ist völlig einen viertel Zoll lang. Die Farbe ist überall schwarz. Der Kopf ist ziemlich unter dem Brustschilde versteckt; die Fühlhörner sind rostfarbig, und stehen vor den ziemlich grossen schwarzen gegitterten Augen; das Grundgelenke ist ziemlich groß, dann folgen sechs kleine, und darauf der aus drey Gelenken bestehende Knopf. Der gewölbte Brustschild ist schwarz, mit vielen kleinen ungleichen gelblichen Flecken bestreuet, die aber lediglich aus Härchen bestehen; daher sind ihrer bald mehr, bald weniger, oft fehlen sie ganz, je nachdem sie viel oder wenig abgerieben sind. **Laicharting** will sehr deutlich zehn in einer Rundung geordnete Büschel gelblicher Haare wahrgenommen haben. Der Seitenrand am Brustschilde ist unmerklich; der Hinterrand ist mit gelben Härchen eingefaßt. Das Schildlein ist klein, dreyeckig. Die Deckschilde sind etwas länger als der Leib, sammetartig schwarz, und auch wolligt wie Sammt; daher sind die Längsstriche auf denselben fast gar nicht zu merken. Am Anfange derselben bis meist zur Hälfte herunter steht eine aschgraue oben und unten gezahnte Binde; sie besteht gleichfalls aus blossen gelblichen Haaren, ist daher bald mehr bald weniger rein; auf der Mitte derselben stehen auf jeden Deckschilde gemeiniglich drey von Haaren entblößte schwarze Punkte; zwey neben einander, der dritte ein wenig niedriger. Wenn man die Haare abschabt, so wird diese dadurch entblößte Binde rostfarbig, so daß wenn man einen solchen Käfer, der so abgerieben ist, findet, man in Versuchung geräth, ihn für eine eigene Art zu halten. Unten ist der Käfer mit glänzenden Haaren sehr glatt überzogen, und von gelbgrauer Farbe. Die Füße haben ein in fünf Gelenken abgetheiltes Fußblatt, und am Ende eine doppelte Kralle, unter denen ein Haar steht, das man für eine dritte Kralle halten sollte. Auf dem dritten und vierten Bauchringe steht in der Mitte ein kleines Grübchen, und aus demselben kommt ein rostfarbiger Haarbüschel hervor, der aber freilich sehr leicht abgenutzt wird, und daher an den meisten Exemplaren fehlt.

Man findet diesen Käfer überall, wo fettige Sachen sind; auf dem Felde im Aas, in den Häusern im Speck, geräucherten Fleisch, in Vogel- und Insektenkabinettern, die nicht gehörig verwahrt sind, in Brod und Pfefferkuchen, im Pelzwerke, und er durchbohrt selbst das Holz, um zu seiner Nahrung zu kommen. Man kann daraus schliessen, daß er grossen Schaden thut, am meisten den Vogel- Fisch- Insekten- und Kräutersammlern. Noch mehreren Schaden thut er, wenn er noch Larve ist, in welchem Zustande er auf gleiche Weise seine Nahrung sucht, und ein noch grösserer Vielfraß ist. Alsdann sucht er auch Federn und wollene Zeuge zu seiner Nahrung, die er ganz verschrotet. Ja sie fressen sich wohl gar einander selbst auf, wenn sie Hunger leiden. Die Gestalt der Larve findet man auf der Instruktionstafel in natürlicher Grösse bey Fig. 4. Tab. G. und vergrössert bey Fig. 5. Die Grundfarbe ist gelb, oben sind die Bauchringe in der Mitte bis an den Seiten braun. Der Kopf besteht aus zwey rothbraunen Schalen; unter dem Zangengebiß stehen vier kurze Freßspitzen, und hinter den äussern zwey kurze Fühlhörner auf kleinen warzenähnlichen Erhöhungen. Hinter jedem Fühlhorn stehen acht kleine Punkte wie Augen in zwey Reihen. Unter den drey ersten Bauchringen stehen die kurzen dreygliedrigten Füße, deren jeder mit zwey rothen Krallen bewafnet ist; die Larve kriecht damit nur langsam, und braucht das zugespitzte Ende des Leibes zum Nachschieben. Der Rücken ist gewölbt, der Bauch aber nicht, sondern flach und lederfarbig. Auf dem Rücken läuft der Länge

nach

nach ein weißlicher Strich, der von den Ringfalten durchschnitten wird. Die ganze Oberfläche ist mit borstenähnlichen zum Theil rothen Haaren besetzt, wovon einige glatt sind, andere aber wieder Nebenäste haben; am Anfange des letzten Ringes stehen zwey steife rothe Spitzen, wie Dornen. In vier Monaten häutet sie sich dreymal, wobey sie immer an Grösse zunimmt. Zur Verpuppung springt die Wurmhaut oben auf den drey ersten Ringen auf; aus dieser Oefnung windet sich die Puppe heraus. Ihre Gestalt zeigt Fig. 6. Tab. G., und vergrössert Fig. 7. Man sieht an ihr schon die Füße und Flügel und die übrigen Theile des Käfers, welche auch so hervorstehen, daß sie deshalb gezwungen ist, auf dem Rücken zu liegen. Am Ende sieht man hier eben die zwey rothen Spitzen, die die Larve hatte, und die jetzt dazu dienen, daß sie sich damit die ihr bequeme Lage geben kann. Anfangs ist die Haut weich und blaß; sie wird aber immer dunkler und härter, bis endlich nach vier Wochen der Käfer selbst hervortritt. Um Fische und Vögel gegen diese Verwüster zu bewahren schlägt man ein Gemische von Arsenic, Aloe, Allaun und Pfeffer vor. Die Käfer selbst kann man durch stark riechende Sachen als Kampfer, Terpentin und dergleichen abhalten.

2. Dermestes murinus.

Vierzigste Tafel. Fig. 2. und B.

Lin. S. N. 2. 563. 18. Derm. tomentosus oblongus fusco cinereoque nebulosus, scutello luteo. Faun. Su. 4. 26.

Laichart. tyrol. Ins. 1. 60. 2.

Schrank Enum. 24. 41.

Scopol. Ent. carn. 14. 35.

de Villers Ent. 1. 50. 17.

Degeer Ins. 4. 197. 2. Dermeste nebuleux.

Frisch Ins. 4. 34. tab. 18. Der schwarze glatte Fettwurm.

Geoffr. Ins. 1. 102. Dermeste a ecusson chaune.

Schäf. Icon. tab. 42. fig. 1. 2.

Ich werde hier wieder mehrere Käfer zusammenstellen, die unter sich sehr ähnlich sind, deshalb auch oft mit einander verwechselt werden, ja wobey es wohl noch nicht gewiß entschieden ist, ob sie wirklich verschiedene Arten oder nur Abweichungen sind, die hier sehr leicht vorfallen können, da das mehrere oder geringere Abreiben dem Käfer ein ganz anderes Ansehen giebt. Was den gegenwärtigen Dermest. murinus betrift, so glaube ich gewiß zu seyn, daß alle oben angeführten Schriftsteller einerley Käfer vor Augen gehabt haben. Aber eben deshalb habe ich auch des Fabricius Dermest. murinus

nus hier nicht anführen können, welchen er als weißwolkig beschreibt, und daher vermuthlich der unten vorkommende Dermest. Catta ist.

Es hat dieser Käfer eben die Gestalt des vorigen, und auch dieselbe Grösse. Die Farbe ist überall oberhalb dunkelschwarz, ohne Glanz. Die Oberfläche ist bald mehr bald weniger mit grauen Haaren besetzt; doch stehen sie bey dieser Art mehr einzeln und bilden nicht eigentlich wolkigte Zeichnungen; da **Linné** dies aber doch als ein Kennzeichen dieses Käfers angiebt, so würde ich in dieser Rücksicht lieber den unten vorkommenden Dermest. tessellatus für den wahren Derm. murinus halten. Da aber dieser letzte doch der seyn soll, der sich im Aase häufig aufhält, so muß ich den jetzt beschriebenen dafür annehmen. Das Schildlein ist mit steifen gelblichen Haaren besetzt. Die Fühlhörner sind dunkelrostfarbig, die drey letzten grossen Gelenke am Ende sind nicht so stark abgesetzt, wie beym vorigen, sondern bilden mehr einen Knopf, die Deckschilde haben weder Striche noch Punkte. Unten ist der Käfer an der Brust und an dem Bauche durch glänzende Haare weiß. Der Bauch hat am Seitenrande eine Reihe grosser schwarzer Punkte, und zwey Reihen kleinerer nach der Mitte zu. Die Füße sind schwarz, und die Schienbeine haben am Rande eine Reihe feiner stachlichter Borsten. Man findet diesen Käfer selten in den Häusern, aber desto häufiger im Aase, auch auf frisch gedüngeten Aeckern unter Steinen. Die Larve ist länglich und braun. Der Kopf ist unter dem Halsschilde verborgen. Das Maul und das Zangengebiß sind schwarz, und hat ein kürzeres und ein längeres Paar Freßspitzen. Die Augen sind ungemein klein. Ueber den Augen sind zwey braune Fühlhörner, mit zwey kegelförmigen Gelenken und einen länglichen Knopf, der oben einen weissen Punkt hat. Sie hat sechs Füße und am Ende eine fleischigte Röhre zum Nachschieben, über welchen zwey Spitzen stehen, die eine länglichte Kolbe haben.

3. Dermestes tessellatus.

Vierzigste Tafel. Fig. 3.

Fabric. S. E. 56. 8. Dermest. oblongus tomentosus fusco cinereoque nebulosus. Spec. Inf. 1. 65. 11. Mant. 1. 35. 13.

Geoffroy Inf. 1. 100. 8.

Dieser Käfer hat völlig die Grösse und Gestalt des vorigen, daher halte ich eine Vergrösserung desselben für unnöthig. Er unterscheidet sich dadurch, daß die Fühlhörner sehr hellrostfarbig sind, der schwarze Brustschild ist durch braungelbe Haare, welche fleckenweise stehen, sehr scheckig. Auf den Deckschilden sind diese Haare mehr greis, und bilden lauter wolkigte Zeichnungen.

Das

Das Schildlein ist gleichfalls durch Haare gelblichweiß. Bey denen, die ich aus **Nordamerika** erhalten habe, ist unten der Leib ganz schlicht weißlich durch Haare, aber bey weiten nicht so stark, wie beym vorigen, und man findet die schwarzen Punkte am Seitenrande des Bauches nicht. Ein andrer aber, den mir Herr Prof. **Hellwig** schickte, und der bey **Braunschweig** gefangen ist, hat die schwarzen Seitenpunkte am Bauche; dagegen fehlen ihm die wellenförmigen Zeichnungen auf den Deckschilden, die nur an der Wurzel mit eben solchen braungelben Haaren wie der Brustschild besetzt sind. Ob dieser letzte vielleicht noch eine eigene Art sey, wie **Hellwig** glaubt, der ihn Vulpecula genannt hat, wage ich nicht zu entscheiden. Es soll sich dieser Käfer auch in **Engelland** und **Frankreich** in todten Körpern aufhalten.

4. Dermestes Catta.

Vierzigste Tafel. Fig. 4.

Fabric. S. E. 56. 7. *Derm. murinus* oblongus tomentosus, nigro alboque nebulosus, abdomine niveo. Spec. Inf. 1. 64. n. 10. Mant. 1. 35. n. 12.

Voet. Coleopt. tab. 31. fig. 11. Cadaverulentus.

Panzer im 24. Stück des Naturforschers. Dermestes Catta.

Er

Er hat ganz genau die Grösse und Gestalt der vorigen, ist überall ganz dunkelschwarz ohne Glanz; auch die Fühlhörner sind eben so schwarz, welches ihn bestimmt von den vorigen unterscheidet. Kopf, Brustschild und Deckschilde haben sehr feine scheckigte Zeichnungen, die durch weisse Haare verursacht werden. Nur das Schildlein ist mit rostgelben Haaren besetzt. Unten ist die Brust und der Bauch mit glänzenden Haaren sehr dicht überzogen, die bald ganz weiß, bald aber pfirsichblütroth sind; auch sind die Hüften mit Flecken von gleicher Farbe besprengt. Die Seiten des Bauchs haben dreyeckige schwarze Flecken, auch ist der letzte Bauchring schwarz. Man findet diesen Käfer in **Deutschland**, wiewohl ziemlich selten.

5. Dermestes vulpinus.

Vierzigste Tafel. Fig. 5. und C.

Fabric. Spec. Inf. 1. 64. 9. Derm. oblongus lævis niger, thoracis lateribus cinereo villosis, subtus albidus. Mant. 1. 34. 10.

Er ist völlig wie der Derm. murinus sowohl in der Grösse als Gestalt, schwarz; der Kopf mit schmutzig weissen Haaren besetzt, die Seiten des Brustschildes sind sehr breit durch weißliche Haare aschgrau mit einem auch wohl zwey schwarzen Punkten nach hinten zu.

Diese

Diese Punkte sind bald mehr bald weniger deutlich, je nachdem die Haare viel oder wenig abgerieben sind; das Schildlein ist gelbhaarig, auch steht ein gelbhaariger Punkt auf dem äusseren Winkel der Schulter. Die Deckschilde und die Mitte des Brustschildes ist mit vielen einzelnen weissen Haaren besetzt. Die Fühlhörner sind rostfarbig. Unten ist der Bauch weißhaarig mit einem schwarzen Punkt auf jedem Bauchringe an beyden Seiten. Die Hüften sind schwarz und weiß bandirt; die Fußblätter rostfarbig. Fabricius giebt das Vorgebürge der guten Hofnung zum Vaterlande an.

6. Dermestes bicolor.

Vierzigste Tafel. Fig. 6. und d. D.

Fabr. Spec. Inf. 1. 64. n. 8. Derm. oblongus niger subtus testaceus, elytris striatis. Mant. 1. 10. n. 9.

Auch dieser Käfer hat gänzlich die Grösse und Gestalt des Derm. murinus. Der Kopfschild ist nach dem Maule zu rostfarbig und mit gelben Haaren besetzt, hinten etwas dunkler, die Augen schwarz; der Brustschild ist schwarz, vorne und an den Seiten breit verloschen rostfarbig, überall mit gelblichen Haaren besetzt, hauptsächlich am Hinterrande. Die Deckschilde sind schwarz, auf den Schultern rostfarbig, mit einzelnen Haaren besetzt, und jedes hat neun gestreifte Furchen. Unten ist der Käfer helle rostfarbig, sowohl an der Brust als am Bauche und den Füßen. Die Schienbeine sind sehr fein gedornt, und an den Vorderfußen schwarz und roth gefleckt.

Hellwig hat ihn zu **Braunschweig** im Zimmer gefangen.

7. Dermestes macellarius.

Vierzigste Tafel. Fig. 7. e. und E.

Fabr. Spec. Inſ. 1. 63. 4. Derm. niger glaber pedibus piceis. Mant. 1. 34. 4.

Die ganze Gestalt und Grösse des Derm. murinus; er ist überall ganz schlichtschwarz, ohne alle Haare, aber die ganze Oberfläche ist ungemein fein punktirt. Unten ist der Bauch weiß, die Hüften sind etwas breit, auch die Schienbeine, welche mit sehr feinen Dornen besetzt sind, und etwas ins rostfarbige schimmern. Die Fühlhörner sind rostfarbig.

Das Vaterland ist **Deutschland**.

8. Dermestes carnivorus.

Fabr. S. E. 55. 2. Derm. niger, elytris antice teſtaceis abdomine albo. Spec. Inſ. 1. 63. 2. Mant. 1. 34. 2.

Es

Es muß dieser Käfer, dessen nur Fabricius erwähnt, den vorigen sehr ähnlich seyn, da er eben die Gestalt und Grösse hat. Die Fühlhörner sind braun, und der Knopf rostfarbig. Kopf und Brustschild sind schwarz, an den Seiten mit greisen Haaren besetzt. Die Deckschilde sind schwarz, vorne erdfarbig. Der Bauch ist unten weiß, die Füße sind schwarz.

Das Vaterland ist Neuholland und Seeland.

9. Dermestes cadaverinus.

Fabr. S. E. 55. n. 3. Derm. niger, ore ferrugineo. Spec. Inf. 1. 63. 3. Mant. 1. 34. 3.

Noch immer in der Gestalt die größte Aehnlichkeit mit den vorigen. Die Fühlhörner sind braun, der Knopf rostfarbig, und so ist auch das Maul. Die Deckschilde sind ganz schwarz, und der Bauch ist greis.

Er ist auf der Insel St. Helena zu Hause.

10. Dermestes felinus.

Fabr. Mant. 1. 34. 11. Derm. oblongus villosus cinereus immaculatus.

Es ist dieser Käfer dem oben beschriebenen Derm. vulpinus sehr ähnlich, und Fabricius ist selbst ungewiß, ob er für eine eigene Art gehalten werden könne; er ist

überall

überall aschgrau rauhaarig, ungefleckt. Wenn er älter wird, so wird er sowohl glätter, als auch verändert sich die Farbe mehr in Braun.

Sein Vaterland ist Diemenium.

11. Dermestes pellio.

Vierzigste Tafel. Fig. 8. und F.

Lin. S. N. 2. 562. 4. Dermest. pellio niger coleopteris punctis albis binis. Fn. Su. 411.

Fabr. S. E. 55. 4. Derm. niger, elytris puncto albo. Spec. Inf. 1. 63. 5. Mant. 1. 34. 5.

Geoffr. Inf. 1. 100. 4.

Scopol. Ent. Carn. 37.

Degeer Inf. 4. 197. 3. Derm. 2 punctatus ovatus niger, elytris singulis puncto albo.

Schäf. icon. tab. 42. fig. 4.

Frisch Inf. 5. 22. tab. 8.

Schrank Enum. Inf. Austr. 28. 48.

Laichart. tyrol. Ins. 1. 63. 4.

Götze ent. Beytr. 1. 128. 4. Der schwarze weiß gefleckte Speckkäfer.

Müller Uebers. des Nat. Systems p. 107. 4. Der Kirschner.

Dieser Käfer gehört unter die gemeinsten und bekanntesten, und wird auch nicht leicht mit andern verwechselt; der Kopf ist ziemlich rund, und schwarz. Die

Fühl-

Fühlhörner sind rostfarbig gelb, der Knopf aber oder die drey letzten Glieder sind schwarz. Ein merkwürdiger Umstand ereignet sich hiebey, daß nemlich dieser Knopf bey einigen sehr viel länger ist, als bey andern, so daß man alsdann leicht verführt werden könnte, ihn zu den **Megatomen** zu zählen. Sollte dies wohl Verschiedenheit des Geschlechts seyn? hätte ich diesen Umstand eher wahrgenommen, so würde ich den oben beschriebenen Megatoma undulata nicht für einen von Dermest. undulatus verschiedenen Käfer gehalten haben; denn da bey beyden sonst kein Unterschied ist, als blos diese Verschiedenheit der Fühlhörner, die sich nun auch beym Derm. pellio befindet, so sind beyde nur für einen Käfer zu halten. Der Brustschild ist bald schwarz bald dunkelbraun, glatt, bisweilen vorne etwas mit gelblichen Haaren besetzt. Ein weisser haarigter Punkt steht dicht über dem Schildlein, und ein gelblicher unten an der scharfen Ecke jeder Seite desselben; die Form des Brustschildes ist fast halbzirkelförmig, also ist er unten am breitesten, schließt dicht an den Deckschilden an, und bildet mit ihnen eine länglich eyförmige Gestalt. Die Deckschilde sind bald schwarz, bald kastanienbraun, glatt, ohne Punkte und Furchen. Auf der Mitte eines jeden steht nahe an der Nath ein weisser haarigter Punkt, der aber im Alter oft abgerieben ist. Bey den braunen Arten sind auch die ganze Unterseite und Füße braun; bey den schwarzen Arten ist der Bauch mit weis-

weissen seidenartig glänzenden Haaren dicht überzogen, und die Füße sind fahlbraun.

Die Larve ist braun, bisweilen etwas goldglänzend durch die Haare, womit sie besetzt ist. Sie hat zehn Absätze, auf jedem sind kleine Körner, am Rande sind sie mit Haaren eingefaßt, welche gelbroth sind; hinten hat sie einen langen Schweif von Haaren, der so lang ist, als der Leib. Vermittelst desselben hält sie die fein zernagte Wolle in die Höhe, drückt und filzt sie, damit das durchfressene Loch offen bleibe. Der Bauch ist heller von Farbe, aber auch haarig. Sie hat sechs Füße; ihr Gang ist ruckweise, weil sie keinen Nachschieber hat, sondern wenn die Füße den Schritt gethan, sie den langgezogenen Leib wieder zusammenzieht. Sie lebt mehrere Jahre im Larvenstande, und häutet sich wenigstens viermal in dieser Zeit. Die Puppe ist von überzogenen kurzen weissen Haaren wolligt. Kurz vor dem Auskriechen des Käfers wird sie braun. Dieser Käfer thut als Larve dem Pelzwerk grossen Schaden; auch nistet er sich in die Insektenkabinetter ein. Um das Pelzwerk vor diesem Insekt zu verwahren, muß man es in sehr dichte Kasten verschliessen, oft ausklopfen, und sehr stark riechende Sachen mit in den Kasten thun, damit es das Pelzwerk nicht rieche.

12. Der-

12. Dermestes undatus.

Vierzigste Tafel. Fig. 9. und G.

Lin. S. N. 2. 562. 3. Derm. oblongus niger, elytris fascia alba lineari duplici. Fn. Su. 410.

Fabr. S. E. 56. 5. Spec. Inf. 1. 64. 6. Mant. 1. 34. 6.

Degeer Inf. 4. 199. 5. Derm. oblongus niger, elytris fascia alba duplici transversa undata.

Schäf. ic. tab. 157. fig. 7. a. b.

Laichart. tyrol. Inf. 1. 61. 3. Der gewässerte Speckkäfer.

Götze ent. Beytr. 1. 128. Das Wellenkäferchen.

Man muß, wie ich schon beym vorigen Käfer gesagt habe, entweder diesen Derm. undatus unter die **Megatomen** oder den Megat. undulatus zu diesen Käfer rechnen. Der Kopf ist schwarz, mit weissen Haaren besetzt. Die Fühlhörner sind schwarz, die kleinen Gelenke schmutzig braun, die beyden untersten Gelenke sind grösser als die übrigen, und der Knopf besteht aus vier grössern Gliedern, indem das vierte den Uebergang macht von dem grossen zu dem kleinen, wie ich solches bey g angezeigt habe; an den beyden untersten grösseren steht inwendig eine steife Borste. Der Brustschild ist etwas anders gestaltet, als bey den vorigen Arten, vorne enger, sehr stark gewölbt, hinten erweitert er sich an den Seiten in eine etwas platt gedrückte Spitze auf welcher ein haarigter weisser Fleck steht. Man wird aus dem vergrösserten Umriß bey G dies hoffentlich deutlich genug erkennen. Die Grundfarbe ist ein tiefes Schwarz. Nur bey einer sehr starken Vergrösserung sieht man kleine eingestochene und einzelne greise Haare, am meisten über dem Schildlein. Dieses ist nur klein. Die Deckschilde sind schwarz, ohne Punkte und Striche. Etwas über und etwas unter der Mitte steht eine etwas zackigte wellenförmige weisse Binde, die bald mehr bald weniger deutlich ist, je nachdem sie viel oder wenig abgerieben worden ist. Unten ist der Käfer schwarz, nur die Hüften der Vorderfüße sind rostfarbig braun.

Man findet diesen Käfer in den Häusern, in Gärten, an hölzernen Wänden, auch an Baumstämmen, an faulen dumpfigten Orten. Die Larve ist noch unbekannt.

13. Dermestes 20 guttatus.

Vierzigste Tafel. Fig. 10. H, h.

Fabr. S. E. 56. 6. Dermest. oblongus ater elytris punctis viginti albis.

Sulzer Gesch. der Ins. p. 21. tab. 2. fig. 3. Derm. 4 punctatus.

Götze ent. Beytr. 1. 143. 13.

Dieser

Dieser Käfer hat so ziemlich die Gestalt des vorigen; doch aber ist der Brustschild nicht vorne so stark gewölbt und verengert, sondern mehr wie bey den vorigen Arten. Der Kopf ist schwarz, und so auch die Knöpfe der Fühlhörner, die übrigen Glieder derselben sind gelbbraun bis auf das unterste, welches wieder schwarz ist; sie sind grade so gestaltet wie beym vorigen, und es ist also keine Vergrösserung derselben nöthig. Der Brustschild ist schwarz, halbzirkelförmig, unten steht auf den Seitenecken ein grosser weißhaariger Fleck; auch sieht man auf der ganzen Oberfläche einzelne greise Haare. Die Deckschilde sind schwarz, glatt, ohne Furchen und Punkte; auf jedem stehen zehn weißhaarige runde Punkte, bisweilen am Seitenrande noch zwey kleine mehr. Unten ist der Käfer schwarz, durch Haare auf dem Bauche weiß schillernd; die Fußblätter sind rostfarbig.

Es gehört dieser Käfer zu den Seltenen, und ich weiß nicht, daß er in der hiesigen Gegend gefangen wäre, wohl aber bey Halle und Braunschweig.

14. Dermestes tomentosus.

Vierzigste Tafel. Fig. 11. i. I.

Fabr. S. E. 57. 13. Derm. oblongus villosus griseus, capite punctis duobus fuscis. Spec. Inf. I. 66. 17. Mant. I. 35. 20.

Degeer Inf. 4. 118. 4. Derm. oblongus villosus griseo-murinus, oculis nigris pedibus fulvis.

Götze ent. Beytr. 1. 142. n. 7. Das englische Nuß-Käferchen.

Schrank Enum. 30. 52. wolligter Kleinkäfer.

Die Gestalt dieses Käfers ist wie beym Dermest. pellio, doch etwas schmächtiger und kleiner. Wie die Grundfarbe sey, ist nicht zu bestimmen, denn er ist überall mit gelbgreisen Haaren ganz dicht überzogen, nur die Augen sind schwarz, die Fühlhörner und Füße sind hell gelbbraun. Der Brustschild ist in der Mitte rund gewölbt, die Seiten erweitern sich unten in eine breite platt gedrückte Spitze, welche dicht an die Deckschilde anschließt, wie aus I zu ersehen ist. Der Bauch ist etwas röthlicher, hat aber einen seidenartigen Glanz, der durch den haarigten Ueberzug verursacht wird. Diejenigen, die nicht so ganz dicht mit Haaren überzogen sind, haben oberhalb einen schmutzig grünlichen Schein, und dies läßt vermuthen, daß die Grundfarbe eigentlich schwarz sey.

Man findet diesen Käfer in verschiedenen Blumen, hauptsächlich in den wilden Ranunkeln (Ranunculus auricomus). Es sind also nicht alle Speckfresser, die der Gestalt nach zu dieser Gattung gehören.

15. Der-

15. Dermestes fumatus.

Ein und vierzigste Tafel. Fig. 1. a. A.

Fabr. S. E. 57. 12. Spec. Inf. 1. 66. 16. Mant. 1. 35. 19. Derm. oblongus testaceus, oculis nigris.

Laicharting tyrol. Inf. 1. 63. 5. Der **geräucherte** Speckkäfer.

Ich muß aufrichtig gestehen, daß ich in Ansehung dieses Käfers sehr zweifelhaft bin. Derjenige, der allgemein dafür angenommen wird, mir unter diesen Namen von manchen Orten zugeschickt und deshalb auch bey Fig. 12 von mir abgebildet ist, der ist mit dem vorigen so genau übereinstimmend, daß er durchaus in nichts als in der mehr röthlich gelben Farbe des haarigten Ueberzugs verschieden ist, und die Farbe ist überhaupt so rein, daß die Grundfarbe nicht schwarz sondern hellbraun zu seyn scheint. Daß dies nicht der **Linnéische** Fumatus seyn möchte, wie auch **Laicharting** schon in Zweifel gezogen hat, ist mir dadurch wahrscheinlich, weil **Linné** hiebey seinen Derm. stercoreus in der Faun. Su. citiret, wo er sagt, daß er nur so groß wie eine Laus sey, da unser abgebildeter aber mehr als noch einmal so groß ist; auch weiset er ihn den Pferdekoth zum Wohnort an, da der unsrige auf Blumen wohnt. **Fabricius** citiret hiebey des **Degeers** Ips testaceo-flavus, und da finde ich freilich auch des **Linné** Derm. fumatus citirt, allein wenn er sagt, er sey dem Bostr. piniperda ganz vollkommen gleich, so ist ja offenbar, daß dies nicht unser Derm. fumatus und auch kein Dermestes seyn kann; auch haben bey dem unsrigen die Deckschilde keine Hohlpunkte, wie doch von jenem ausdrücklich gesagt wird. Gewiß ist es also, daß der Derm. fumatus des **Fabricius** nicht der **Degeersche** und wahrscheinlich auch nicht der **Linneische** Käfer sey. Ungewiß ist es, ob mein abgebildeter Fumatus eben derselbe sey, den **Fabricius** diesen Namen gegeben, und wenn dies ist, ob er vom vorigen Derm. tomentosus wirklich verschieden sey.

16. Dermestes fuscus.

Ein und vierzigste Tafel. Fig. 2. b. B.

Fabr. Mant. I. 35. 21. Derm. oblongus villosus fuscus immaculatus.

Es hat auch dieser Käfer viele Aehnlichkeit mit den beyden vorigen, nur ist er etwas schmaler und cylindrischer; die Farbe bald schwarz, bald mausefarbig, bald braun. Der Brustschild ist unten stark gewölbt, fast häutig, und in demselben ist der Kopf bis ans Maul fast eingehüllet; und die Fühlhörner sind in dieser Hülle so fest verschlossen, daß es unmöglich ist, sie

her-

herauszubringen und zu betrachten. Oben ist der Kopf und Brustschild gewölbt, durch einen haarigen Ueberzug grünlich mausefarbig; an den Seiten des Brustschildes läuft der Länge nach eine Furche, und da er sich unten in eine kleine Spitze erweitert, so bekommt er dadurch eine Aehnlichkeit mit dem Brustschilde der Springkäfer, wie man aus der Vergrösserung bey h ersehen wird. Das Schildlein ist nicht ganz klein. Die Deckschilde sind braun, grau und auch wohl schwärzlich, mit Haaren überzogen, glatt, ohne Furchen und Punkte. Unten ist der Käfer röthlich braungelb, und so auch die Hüften. Die Schienbeine und Fußblätter sind dunkler.

Es ist dieser Käfer nicht selten, und hält sich viel in Blüten auf.

17. Dermestes picipes.

Ein und vierzigste Tafel. Fig. 3. c. C.

Fabr. Mant. 1. 35. 23. Derm. oblongus nigricans pedibus piceis.

Herbst im Archiv. 4. pag. 21. n. 10. Derm. fimetarius tab. XX. fig. 3.

Diesen Käfer hatte ich schon im Archiv beschrieben, da ich aber nur ein einziges Exemplar vor mir hatte, welches hellebraun war, so hat Fabricius den Seinigen nicht dafür erkannt, weil er braunschwarz ist. Durch Herrn Hübner in Halle habe ich jetzt dasselbe Exemplar vor mir, was Fabricius hatte, daher ich mich nicht irren kann. Es ist dieser Käfer ungemein stark gewölbt, zumal der Brustschild, welcher halbkugelförmig in die Höhe steht; an den Seiten hat er einen erweiterten etwas in die Höhe gebogenen Rand; eben so auch vorne über dem Kopfe erhöhet er sich etwas, so daß der Kopf in dem Brustschilde wie in einer Höhle liegt; und da der Kopfschild gleichfalls einen aufgeworfenen Rand hat, so sieht der ganze Käfer vollkommen wie ein kleiner Scarabæus aus. Die Deckschilde sind etwas narbigt, aber ohne Striche und Punkte. Die Farbe ist bald schwarz, bald lichtbraun, die Füße haben eine pechbraune Farbe. Die oberen drey grossen Glieder der Fühlhörner stehen etwas weiter von einander ab, als es bey dieser Gattung gewöhnlich ist, so daß sie nicht mehr einen Knopf bilden.

Ich habe ihn in hiesigen Gegenden, wiewohl selten, und wo ich nicht irre, im Miste gefunden.

18. Dermestes navàlis.

Fabr. S. E. 56. 9. Derm. elongatus ferrugineo fuscus oculis atris. Spec. Inf. 1. 65. 12. Mant. 1. 35. 14.

Es

Es soll dieser Käfer die Gestalt des oben beschriebenen Derm. murinus haben, aber nur den vierten Theil seiner Grösse; seine Farbe ist überall rostfarbig braun, die Deckschilde ein wenig blasser. Die Fühlhörner sind durchblättert.

Das Vaterland ist Neuseeland.

19. Dermestes trifasciatus.

Fabr. Mant. 1. 34. 7. Derm. ovatus niger, elytris fasciis tribus undatis cinereis.

Geoffroy Inf. 1. 112. 5. Byrrhus fuscus fasciis elytrorum transversis cinereis.

Dieser Käfer muß dem oben beschriebenen Derm. undatus sehr ähnlich seyn, dessen Grösse und Gestalt er auch hat. Der Kopf ist schwarz, so auch der Brustschild, der unten eine aschgraue Binde hat. Die Deckschilde sind schwarz, mit drey wellenförmigen aschgrauen Binden und einem gleichfarbigen Punkte auf der Spitze. Der Leib ist schwarz.

Es ist dieser Käfer im mittägigen Europa zu Hause.

20. Der-

20. Dermestes adstrictor.

Ein und vierzigste Tafel. Fig. 4. d. D.

Mus. *Hellw.* Derm. obscure fuscus pilosus thorace basi lateribus dente dilatato, elytris punctato striatis.

Die Länge dieses Käfers ist nicht über anderthalb Linien, die Farbe ist dunkelbraun, er ist mit gelblichen Haaren überzogen, die ihm einen seidenartigen Schimmer geben, doch hindern sie nicht, daß man nicht die Grundfarbe erkennen könnte. Der Brustschild ist groß und so breit wie die Deckschilde; er verlängert sich unten an den Seiten in einen Zahn, fast wie bey den Springkäfern, und diese Erweiterung schließt dicht an die Deckschilde an; die Deckschilde sind punktirt gestreift. Er schließt, wenn er Gefahr befürchtet, die Fühlhörner und die Füße sehr fest an sich, weshalb ihn **Hellwig** obige Benennung gegeben.

Nach der Beobachtung dieses unermüdeten Naturforschers geschieht die Verwandlung dieses Käfers im Eichenholz, doch findet man ihn auch im Sommer auf den Blättern verschiedener umstehender Gesträuche.

21. Der-

21. Dermestes limbatus.

Fabr. Spec. Inſ. 1. 66. 23. Derm. fuſcus, elytris punctatis, limbo cinereo. Mant. 1. 36. 28.

Von dieſem und einigen folgenden kann ich keine Abbildung geben, da ich ſie weder ſelbſt beſitze, noch von andern habe erhalten können. Er iſt klein und von brauner Farbe. Der Bruſtſchild iſt rund, vorne etwas greis. Die Deckſchilde ſind punktirt, und haben auf dem braunen Grunde eine breite aſchfarbige Einfaſſung. Die Füße ſind ſchwarz, an der Spitze greis.

Das Vaterland iſt Neuſeeland.

22. Dermestes variabilis.

Ein und vierzigſte Tafel. Fig. 5. e. E.

Muſ. *Schneider.* Dermeſt. fuſcus, thorace brevi elytris obſolete ſtriatis.

Von dieſem Käfer habe ich nur ein einziges Exemplar aus der Schneiderſchen Sammlung unter obigen Namen vor mir. Er iſt etwa eine Linie oder etwas mehr lang, überall ziemlich hellbraun, ziemlich ſtark gewölbt. Die Fühlhörner ſind lang und ſchmächtig, die drey letzten Glieder etwas gedehnt, und ein wenig dunkler von Farbe. Der Bruſtſchild iſt nach Ver hältniß kurz, breit, glatt, gewölbt. Die Deckschilde sind nur bey einer starken Vergrösserung als schwach gefurcht zu erkennen. Die Füße sind gelblicher, und etwas plump.

Das Vaterland ist mir unbekannt.

23. Dermestes scanicus.

Ein und vierzigste Tafel. Fig. 6. f. F.

Lin. S. N. 2. 564. 26. Derm. scan. fuscus, thorace testaceo. Faun. Su. 437.

Fabr. S. E. 58. 18. Derm. ater, thorace punctoque elytrorum testaceis. Spec. Inf. 1. 66. 22. Mant. 1. 36. 27.

Götze entom. Beytr. 1. 139. 26. Der Hautfresser mit dem braunen Brustschilde.

Ich glaube, daß dieser Käfer oft mit dem unten vorkommenden Ips humeralis verwechselt und für eins gehalten wird, wie ich selbst es im Archiv gethan habe, ja vielleicht hat **Fabricius** selbst ohne Noth zwey verschiedene Arten daraus gemacht. Ja wer weiß, ob **Linné** und **Fabricius** einerley Käfer meynen, da jener den Seinigen für braun, dieser für schwarz ausgiebt. Aus der **Schneiderschen** Sammlung habe ich einen Käfer vor mir, der der wahre Scanicus seyn soll; diesen will ich hier beschreiben. Er ist eine gute Linie lang;

Kopf

Kopf und Brustschild sind roth, auch die Fühlhörner, die am Ende drey grosse runde Glieder haben. Die Deckschilde sind schwarzbraun, an der Wurzel roth, nicht durch einen blossen rothen Punkt, wie beym Ips humeralis, sondern die ganze Fläche ist fast bis auf ein Drittel herunter roth, und diese Farbe verliert sich allmählig in die schwarze. Die Füße sind roth und die Fußblätter haben vier Gelenke, und ein ziemlich langes Klauenglied.

Sein Vaterland sind viele europäische Provinzen.

24. Dermestes mesomelus.

Ein und vierzigste Tafel. Fig. 7. G.

Mus. *Schneider.* Dermestes parvus, ater, nitidus, elytris postice ferrugineis, antennis pedibusque fuscis.

Jn Ansehung des Brustschildes weicht dieser Käfer von den vorigen Dermesten etwas ab; denn er ist hinten mehr abgerundet; das heißt, er ist nicht am Ende am breitesten, so daß er an die Deckschilde anschließt, sondern die Seiten runden sich mehr zu, so daß er in der Mitte am breitesten ist. Der ganze Kafer ist nicht über eine Vierthellinie lang, Kopf und Brustschild sind glänzend schwarz, die Fühlhörner braun, ziemlich lang, die drey letzten grösseren Glieder etwas lang gezogen. Die Deckschilde sind von der Wurzel an bis auf ein Drittel

her

herunter schwarz, von da an aber werden sie gelbroth bis zur äussersten Spitze, die wieder dunkel aber nicht so schwarz ist, wie oben. Punkte und Striche sieht man auf den Deckschilden nicht. Die Füße sind braun.

Das Vaterland ist mir nicht bekannt.

25. Dermestes paniceus.

Lin. S. N. 2. 564. 19. Derm. oblongus ferrugineus, oculis rufis. Faun. Su. 431.

Fabr. S. E. 57. 14. Spec. Inf. 1. 66. 18. Mant. 1. 35. 22.

Frisch Ins. 2. 36. Tab. 8.

Von diesem und den übrigen Dermesten kann ich keine Abbildung geben. Er ist sehr klein, überall kastanienbraun, auch die Fühlhörner, die Augen nur sind heller roth. Er ist nur sehr wenig haarig.

Man findet ihn im Brode, welches er aushöhlt.

26. Dermestes testaceus.

Fabr. S. E. 57. 15. Derm. oblongus testaceus, oculis abdominisque basi nigris. Spec. Inf. 1. 66. 19. Mant. 1. 35. 24.

Er hat die Gestalt des vorigen, ist aber noch dreymal kleiner, überall glatt, erdfarbigbraun, nur die Augen und der Anfang des Hinterleibes sind braunschwarz.

Sein Vaterland sind die **Niederlande.**

27. Dermestes scaber.

Fabr. S. E. 57. 16. Derm. griseus, thorace elytrisque scabris. Spec. Ins. 1. 66. 20. Mant. 1. 35. 25.

Auch dieser ist nur klein, überall greis, durch erhobene Punkte rauh. Der Brustschild hat einen Rand, der etwas gekerbt ist. Die Fühlhörner sind durchblättert.

Das Vaterland ist **Neuseeland.**

28. Dermestes chinensis.

Fabr. S. E. 58. 17. Derm. oblongus ferrugineus elytris striatis. Spec. Ins. 1. 66. 21. Mant. 1. 36. 26.

Er ist kleiner, als der Fumatus, überall rostfarbig, glatt, die Deckschilde sind punktirt gestreift.

Man fand ihn zwischen Saamen, der aus **China** gekommen war.

29. Dermestes fenestralis.

Lin. S. N. 2. 563. 15. Derm. castaneus, capite nigricante, thorace fusco. Fn. Su. 423.

Fabr. S. E. 58. 19. Spec. Inf. 1. 67. 24. Mantiss. 1. 36. 29.

Degeer Inf. 5. 197. 7. *Ips* spinosus fusco castaneus, pedibus rufis, elytris postice sex spinosis.

Müller Zool. Dan. prodr. 57. 505. *Byrrhus* fenestralis castaneus, elytris punctato striatis, oculis nigris.

Götzens entomol. Beytr. 1. S. 135. n. 15. Der Fensterkuker.

Schrank Enum. 33. 59.

Ob dieser Käfer wirklich unter die **Dermesten** gehöre, mag **Fabricius** verantworten. Er ist kleiner, als ein Floh, länglichrund, die Farbe schwarzkastanienbraun, der Kopf schwärzlich, die Füße blasser. Die Deckschilde sind hinten nicht stumpf, sondern etwas abhängig. Auf jedem sollen in einer Längslinie drey kurze steife Stacheln dichte bey der Nath stehen, von welchen aber **Linné** nichts erwähnt, sondern nur **Degeer. Schrank** hingegen giebt zum besondern Kennzeichen an zwey kleine Hörner auf dem Hinterkopfe dicht am Brustschilde, die den Stumpfen abgebrochener Fühlhörner ähnlich sehen sollen, und welche **Scopoli** entdeckt hat.

Er soll im nördlichen Europa häufig an die Fenster kommen, ausserdem sagt **Schrank** von ihm, daß er auch auf Blumen lebe, auch in Häusern an feuchten Orten, und daß er den Büchern, die daselbst aufbewahrt werden, schädlich sey. Was ich sonst noch beym **Schrank**, **Degeer**, und andern Schriftstellern für **Dermesten** finde, die getraue ich mir nicht, hier her zu setzen, da ich nicht weiß, ob sie meine festgesetzten Kennzeichen an sich haben.

Sechszehnte Gattung
der
Käferartigen Insekten.
Korynetes.

Zu dieser neuen Gattung rechne ich einige vom Fabricio den Dermesten zugezählte Käfer, weil ihr ganzer habitus nicht mit den übrigen Dermesten übereinstimmt, auch ihre Lebensart selbst mir verschieden scheint. Folgende Kennzeichen sondern sie von den Dermesten deutlich ab.

Die Fühlhörner Tab. H. Fig. 2. sind fast schnurförmig, etwas länger, wie bey den Dermesten; die drey letzten Glieder sind grösser, bilden auch wohl eine Keule, die aber ganz anders gestaltet ist; denn da bey den Dermesten diese Keule oben und unten etwas spitzig zugieng, so daß das mittelste der drey grossen Glieder das breiteste war, so ist dagegen bey diesen das vorderste Glied das größte, und nach der Breite eyrund, daher es der Keule ohngefehr das Ansehen giebt, als sey sie vorne abgestutzt. Das vierte Glied ist noch ein wenig grösser, als die übrigen sechs, und das letzte ist wie gewöhnlich auch viel grösser. Aber leider nicht allzeit sind die Fühlhörner so auszeichnend; bisweilen findet man sie auch wie Fig. 3. Der Brustschild ist schmaler als die Deckschilde, hat nicht eine halbzirkelförmige Gestalt, schließt nicht am Ende an die gleich breiten Deckschilde an, sondern er ist fast cylindrisch, nur in der Mitte erweitern sich die Seiten etwas, hinten ist er abgerundet. Es ist dies am besten aus Fig. 1. Tab. H. zu erkennen.

Gern möchte ich auch das zum generischen Kennzeichen angeben, daß die Fußblätter nur zwey Glieder ausser dem Klauengliede haben. Tab. H. Fig. 4. Allein ich kann dies nur von einer Art, dem Korynetes violaceus mit Gewißheit sagen. Von der zweyten Art sind alle vor mir habenden Exemplare defect, nur an einem einzigen Vorderfuß glaube ich drey Fußblattglieder wahrzunehmen; die übrigen kenne ich gar nicht. An den Vorderfüßen sind die Fußblätter herzförmig; aber an den Hinterfüßen Fig. 5. fadenförmig; auch sind daselbst die Schienbeine weit schmäler.

1. Korynetes violaceus.

Ein und vierzigste Tafel. Fig. 8. h. II.

Lin. S. N. 2. 56. 13. *Derm.* nigro cœrulescens, thorace villoso, pedibus nigris. Fn. Su. 422.

Fabr. S. E. 57. 10. Spec. Inf. 1. 65. 13. Mant. 1. 35. 15.

Scop. Ent. carn. 67.

Degeer Inf. 5. 163. 4. tab. 5. fig. 13. *Clerus cœruleus* oblongus nigro cœruleus nitidus, elytris punctis excavatis.

Geoffroy Inf. 1. 304. 2. *Clerus* nigro cœruleus.

Raj. Inf. 100. *Scarab.* antennis clavatis 12.

Schrank Enum. 26. n. 45.

Götze entom. Beytr. 1. 134. 13. Der violetblaue Hautfresser.

Laichart. tyrol. Inf. 1. 247. Attelabus Geoffroyanus.

Müller Uebers. des Nat. Systems. Der Todtenfreund.

Dieser Käfer ist bekannt genug. Er läßt den Kopf und Brustschild gemeiniglich herunter hangen, die Farbe ist überall stahlblau; die Fühlhörner und Füße sind schwarz. Der Kopf und Brustschild sind sehr rauh, desgleichen auch die Deckschilde, deren jedes neun Reihen eingestochener Punkte hat. Auch unten ist der Käfer blau. Die drey ersten grossen Gelenke der Fühlhörner

ner stehen bald weiter auseinander, bald schliessen sie fest an einander an.

Man findet diesen Käfer bald in Blumen, bald an bretternen Wänden und dürren Holzstämmen. Seine Verwandlung soll im Aase vor sich gehen.

Degeer setzt diesen Käfer unter die Gattung Clerus, der er auch gewiß sehr ähnlich ist. Da aber bey diesen die Fühlhörner doch noch anders gestaltet sind, und die Fußblätter drey Glieder haben, so habe ich ihn nicht gut unter diese Gattung setzen können.

2. Korynetes rufipes.

Fabr. Spec. Inf. 1. 65. 14. *Derm.* nigro cœrulescens, thorace villoso pedibus rufis. Mant. 1. 35. 16.

Thunb. nov. Spec. 10. *Anobium* rufipes.

Degeer Inf. 5. tab. 15. fig. 4. Clerus rufipes.

Götze entom. Beytr. 1. 424. n. 11. *Attelabus* rufipes. Der surinamsche Rothfuß.

Fabricius sagt von diesem Käfer, er sey dem vorigen so ähnlich, daß er fast nur für eine Varietät gehalten werden könne. Ich kann ihn also, ob ich ihn gleich nicht kenne, mit ganzem Recht hier her setzen. Er ist so groß, als der vorige, auch überall blau und rauhaarig; die durchblätterten Fühlhörner sind schwarz, an der Wurzel roth. Der Brustschild ist glatt, gerandet, abgerundet, fein punktirt. Die Deckschilde sind länglich, gerandet, punktirt, sehr biegsam. Der Bauch ist glatt, die Füße sind roth.

Sein Vaterland soll **Ostindien**, der **Cap** und auch **Europa** seyn.

3. Korynetes ruficollis.

Ein und vierzigste Tafel. Fig. 9.

Fabr. S. E. 57. 11. *Derm. ruficollis.* violaceus thorace elytrorumque basi rufis. Spec. Inf. 1. 65. 15. Mant. 1. 35. 17.

Thunb. nov. spec. p. 8. n. 8. Anobium ruficolle.

Auch dieser Käfer hat die Grösse und Gestalt der ersten, und er ist überall mit aufrecht stehenden Haaren besetzt. Der Kopf ist blau, die Fühlhörner sind durchblättert, schwarz, fast so lang, als der Brustschild. Dieser ist gewölbt, gerandet, abgerundet, fein punktirt und roth. Die Deckschilde sind länglichrund, gerandet, durch eingestochene Punkte gestreift, blau, an der Wurzel roth. Die Brust und die Füße sind roth; der Bauch ist schwarz.

Sein Vaterland ist **Ostindien** und **Afrika**.

4. Kory-

4. Korynetes sanguinicollis.

Ein und vierzigste Tafel. Fig. 10. k. K.

Fabr. Mant. 1. 35. n. 18. *Derm.* elongatus hirtus violaceus, thorace abdomineque rufis.

Panzer im Naturf. 24. St. p. 10. tab. 1. fig. 13.

Es hat dieser Käfer die Gestalt des erstern, ist aber wohl viermal grösser, und seine äussere Form ist einer Lagria ähnlich. Der Kopf ist schwarz, die Fühlhörner sind wenigstens unterhalb rostfarbig, denn an dem einzigen vor mir habenden sehr verstümmelten Exemplare fehlen die Spitzen derselben. Panzer sagt, die drey letzten Glieder hätten keine durchblätterte, sondern eine kammförmige Keule, wie bey den Lukanen. Der Brustschild ist gelbroth, an den Seiten etwas erweitert und herunter hangend, wie die Vergrösserung es sichtbar macht; wenn man ihn gerade vor sich auf die Mitte betrachtet, ist er überall gleich breit und cylindrisch; auch ist er fast so breit als die Deckschilde, und mit aufrecht stehenden Haaren besetzt. Die Deckschilde sind lang, cylindrisch, blau, glatt, mit aufrecht stehenden Haaren besetzt. Das Schildlein ist ziemlich groß. Unten ist das Maul rostfarbig, und so auch der Brustschild, die Brust ist schwarz, der Bauch rostfarbig, die Füße sind schwarz, aber die Fußblätter, so viel deren an meinem Exemplare sind, rostfarbig. Er ist bey Halle gefunden.

Siebzehnte Gattung der Käferartigen Insekten.

Trichodes.

Ich hoffe, Verzeihung zu erhalten, wenn ich nicht nur einigen längst bekannten Käfern, die in den Systemen an einem ganz andern Orte stehen, hier ihre Stelle anweise, sondern ihnen sogar auch einen neuen Gattungsnamen gebe. Diese Käfer nemlich, die **Linné** unter die Gattung Attelabus setzte, und **Fabricius** ihnen den besondern Geschlechtsnamen Clerus gab, sind dem eben beschriebenen Korynetes (Dermestes) violaceus in der ganzen Gestalt so ähnlich, daß schon **Degeer** den Derm. violaceus unter die Gattung Clerus und **Schrank** umgekehrt diese Cleros unter die Dermesten brachte. Ich halte es daher für billig, daß ich sie wenigstens neben einander stelle, da sie sich so nahe verwandt sind. Ich konnte sie nicht unter die vorige Gattung setzen, denn theils sind die Fühlhörner doch etwas an-

anders gestaltet, theils haben alle Füße drey Fußblätter, ausser dem Klauengliede. Ich konnte aber auch den Namen Clerus nicht beybehalten, weil mehrere Käfer unter dieser Gattung stehen, die nicht hierher gehören, und die also diesen Gattungsnamen behalten müssen. Es wundert mich, wie der scharfsichtige Fabricius den Clerus formicarius und apiarius unter eine Gattung bringen konnte. Der Habitus von jenem ist sehr verschieden von diesem; die Fühlhörner sind ganz anders gestaltet; und jener hat an allen Füßen vier Fußblätter, aber dieser nur drey.

Die Gattungskennzeichen würden also folgende seyn:

1. Die ganze Gestalt des Käfers ist cylindrisch; Kopf und Brustschild hangen etwas herunter. Tab. H. Fig. 6.
2. Die Fühlhörner sind fast schnurförmig, die drey letzten Glieder sind viel grösser, nehmen an Grösse zu, so daß das letzte das größte, viereckig rund ist, und es ist gewissermassen schief abgestutzt, so daß es innerhalb sich in eine kleine stumpfe Spitze endigt. Man sehe die Instruktionstafel H. Fig 7. Das unterste Wurzelglied ist gleichfalls grösser, und das folgende kugelförmig.

3. Der

3. Der Brustschild ist fast cylindrisch, nach oben zu etwas breiter.
4. Die Füße haben drey herzförmige zweylappigte Fußblätter, und ein langes Klauenglied mit doppelter Klaue. Tab. H. Fig. 8.
5. Die Deckschilde sind ziemlich weich.

Dies ist das wesentlichste, was man im allgemeinen als Gattungskennzeichen angeben kann. Folgende Arten kann ich nur mit Gewißheit unter diese Gattung bringen:

1. Trichodes apiarius.

Ein und vierzigste Tafel. Fig. 11.

Lin. S. N. 2. 620. 10. *Attelabus apiarius* cœrulescens, elytris rubris fasciis tribus nigris.

Fabr. S. 158. 4. *Clerus* apiar. elytris rubris fasciis tribus cœrulescentibus. Spec. Inf. 1. 202. 9. Mant. 1. 126. 14.

Degeer Inf. 5. 157. 1. tab. 5. fig. 3. *Clerus.*

Geoffroy Inf. 1. 304. 1. tab. 5. fig. 4. *Clerus.*

Sulzer Inf. tab. 4. fig. 14.

Schäf. Elem. tab. 46. Icon. tab. 48. fig. 11.

Göze entom. Beytr. 1. 419. 10. Der Bienenfeind.

Laichart. tyrol. Inf. 1. 244. 1. *Attelabus* apiarius. Der Mauerbienenkäfer.

Schrank

Schrank Enum. 21. *Dermestes* apiarius. Bienenfressender Kleinkäfer.

Scopol. Ent. carn. n. 110.

Pod. Muſ. græc. p. 31.

Reaumur Inſ. 6. p. 81. tab. 8. fig. 9. 11.

Swammerdam Bibl. tab. 26. fig. 3.

de Villers Ent. 1. 219. n. 7.

Harrer Inſ. 234. n. 393.

Der Name, den man dieſem Käfer gegeben hat, ſoll anzeigen, daß die Larve deſſelben ſich in den Neſtern der Mauerbienen aufhalte, bis zur Verwandelung, und ſich von den Maden derſelben nähre.

Der Kopf iſt blau, bisweilen violet, die Augen ſind braun. Die Fühlhörner ſind unten blaßroſtfarbig, oberhalb braun, unterhalb etwas grau; ſie ſind kürzer als der Bruſtſchild; die Freßſpitzen ſind hellbraun; die äuſſeren endigen ſich mit einem groſſen, platten, dreyeckig eyrunden Knopfe. Der Bruſtſchild iſt blau, und wie der Kopf mit aufrecht ſtehenden Haaren dicht beſetzt; nach dem Kopfe zu iſt er breiter, hat daſelbſt eine kleine Vertiefung, hinten iſt er abgerundet und ſchmaler als die Deckſchilde. Das Schildlein iſt blau, und hat zwey kleine blaue Flecken neben ſich. Die Deckſchilde ſind roth, mit zwey dunkelblauen Binden, deren Ränder etwas gezackt ſind, und auch die Spitzen

der

der Deckschilde sind blaunarbigt, die obere Binde zieht sich etwas an der Nath in die Höhe, berührt den äusseren Rand nicht, und steht etwas über die Mitte; die andere unter der Mitte, und beyde Binden sind bald schmaler, bald breiter. Der blaue Fleck auf der Spitze steht bisweilen etwas höher, und läßt die Spitze roth. Ueberdem sind sie gleichfalls mit Haaren besetzt. Unten ist der Käfer blau, auch an den Füßen, nur die Fußblätter, welche starke Ballen haben, sind bräunlich; bisweilen spielt die blaue Farbe ins Grüne. Der Leib unter den Deckschilden ist roth.

Man findet diesen Käfer im Sommer häufig in manchen Gegenden auf allerley Blumen und Blüten in Gärten und auf dem Felde.

Die Larve ist ziemlich groß, röthlich und hat sechs rothe Füße, und hält sich im Neste der wilden Bienen auf.

2. Trichodes 8 punctatus.

Ein und vierzigste Tafel. Fig. 12.

Fabr. Mant. 1. 126. 9. *Cler.* cyaneus hirtus, elytris rufis, punctis quatuor nigris.

de Villers Ent. 1. p. 223. *Attel.* ruber elytris maculis 8 violaceis.

An

An Gestalt und Grösse ist dieser Käfer dem vorigen ganz ähnlich. Kopf und Brustschild sind gleichfalls blau, und durch aufrecht stehende lange weisse Haare ungemein rauh. Die Deckschilde haben eine ziegelrothe Farbe, und sind durch viele unregelmässige kleine Vertiefungen etwas narbigt. Etwas über der Mitte steht auf jedem ein grosser blauschwarzer Fleck; unter der Mitte stehen dergleichen zwey neben einander, wovon der innere viel kleiner ist, als der äussere. Nach der Spitze zu steht noch ein kleiner blauschwarzer Punkt, der aber oft gänzlich fehlt. Auch die Deckschilde sind etwas haarig, wiewohl bey weiten nicht so stark als der obre Theil. Destomehr aber die Füße, welche so wie die ganze Unterseite blau und durch lange weisse Haare wolligt sind. Die Fühlhörner sind unten gelbroth, oben schwarz; das Klauenglied ist blaß rostfarbig. Das Schildlein ist sehr klein und blau, und neben demselben stehen zwey kleine blaue Flecken von eben der Grösse.

Ich habe diesen Käfer aus **Languedoc** erhalten.

3. Trichodes bifasciatus.

Ein und vierzigste Tafel. Fig. 13.

Fabr. Spec. Inſ. 1. 202. 7. *Cler.* viridi æneus pubeſcens, elytris cyaneis, faſciis duabus coccineis. Mant. 1. 126. 11.

Herbst im Archiv. 4. tab. 25. fig. 3. p. 87. 3.

Es

Es ist dieser Käfer kaum halb so groß, als die vorigen, aber an Gestalt ihm völlig gleich, überall stahlblau, etwas ins violet spielend, mit greisen Haaren besetzt. Auf der Mitte der Deckschilde steht eine ziegelrothe Binde, und eine zweyte etwas gebogene nahe an der Spitze; diese berührt die Nath nicht. Unten ist der Käfer blau; die Vorderfüße haben sehr starke breite lange Hüften.

Das Vaterland ist Sibirien.

Achtzehnte Gattung
der
Käferartigen Insekten.
Ips.

Dieser Gattungsname ist nicht allzeit einerley Käferarten beygelegt. **Aldrovandus** gab denselben gewissen Insekten, die das Horn und die Weinstöcke durchbohrten. **Degeer** nahm diesen Namen ins System auf, und legte ihn gewissen Käfern bey, die **Linné** unter die **Dermesten** gebracht hatte, aber doch zu sehr von den übrigen Dermesten abweichen, und die jetzt unter den Namen **Bostrichen** am meisten bekannt sind. Da **Degeer** nun einmal diesen Käfern den Gattungsnamen Ips gegeben hatte, so wäre es gut gewesen, wenn **Fabricius** ihnen diesen Namen gelassen hätte, um neue Verwirrungen zu vermeiden. Er nahm aber zwar den Namen Ips in sein System auf, ließ aber keinen einzigen der bisherigen Ipse darunter, sondern er sonderte, welches an sich sehr gut war, wieder andere Käfer von den

den Linneischen **Dermesten** ab, gab ihnen den Namen Ips, und den bisherigen Ipsen den Namen Bostrichus. Dieser Gattung ist es nun bey den vielen neuen Entdeckungen bisher eben so gegangen, wie ehemals den Dermesten. Linné brachte alle kleine Käfer mit kolbichten Fühlhörnern die er sonst nirgends anzubringen wußte, unter die Dermesten; und jetzt hat man wieder alle kleine Käfer, die man nicht gut unter die Dermesten oder unter eine andere Gattung im System bringen konnte, unter die Ipse gesetzt. Daher schon in Fabricii Schriften viele Ipse zusammen stehen, die wohl nicht alle die microscopische Probe aushalten mögten.

Ich werde also von den **Ipsen** des **Fabricius** nur diejenigen unter diese Gattung aufnehmen, bey welchen sich die Gattungskennzeichen genau befinden, die ich dazu festsetzen werde. Diese generischen Charaktere sind nun folgende:

1. Die ganze Gestalt des Käfers ist fadenförmig, das heißt, überall gleich breit. Selbst der Brustschild ist oben so breit, als unten, gerandet, schließt dicht an die Deckschilde an. (Man sehe die Instruktionstafel H. Fig. 9. Der Kopf kann freilich nicht so breit seyn, aber er ist doch auch sehr breit, glatt, über dem Maule abgerundet, und steht weit hervor.

2. Die

2. Die **Fühlhörner** haben am Ende einen fast runden Knopf, Fig. 10. der etwas scheibenförmig platt ist, und aus drey Gliedern besteht. Die Gestalt dieses Knopfs verändert sich freilich oft wie bey allen knopfförmigen Fühlhörnern, je nachdem der Käfer diese drey Glieder ausdehnt oder zusammenzieht. Hierin besteht eine Hauptschwierigkeit, die einem so viel zu schaffen macht, daß die Gestalt dieser Kolbe so erstaunend unbeständig ist. Alsdann folgen sieben schmale fast kugelförmige Glieder, die unter sich gleich sind, doch ist das nächste an der Kolbe und das letzte etwas weniges grösser. Das letzte Wurzelglied hat wieder eine ansehnliche Grösse. Die Länge der Fühlhörner ist nicht allzeit gleich.

3. Die **Füße** sind ziemlich lang, glatt, die Fußblätter haben drey Glieder, deren Seitenecken lang hervortreten, Fig. 11. und alsdann ein langes schlankes Klauenglied.

Mehrere Kennzeichen lassen sich nicht gut angeben, doch kann man bey den meisten noch hinzufügen, daß ihre Gestalt flach und etwas platt ist, obwohl hiebey noch Ausnahmen statt finden könnten.

1. Ips 4 pustulata.

Zwey und vierzigste Tafel. Fig. 1. a. A.

Lin. S. N. 2. 570. 5. *Silpha* 4 pustulata oblonga nigra, elytris punctis duobus ferrugineis. Fn. S. 446.

Fabr. S. E. 69. 3. *Tritoma* 4 pustulata, oblonga nigra, elytris punctis duobus ferrugineis. Gen. Inf. Mant. 213. Spec. Inf. 1. 80. 2. *Ips* 4 pustulata. Mant. 1. 45. 5.

Degeer Inf. 4. 185. 12. tab. 6. fig. 20. 21. Silpha nigra oblonga depressa, elytris singulis maculis duabus nigris.

Frisch. Inf. 9. 36. tab. 19. Scarabæus parvus luteo maculatus, erucæ lanigeræ.

Naturforscher 24. St. p. 4. tab. 1. fig. 18.

Götze entomol. Beytr. 1. 176. 5. Der **viergefleckte Faulholzkäfer.**

Der Kopf dieses Käfers ist breit, schwarz, glatt, und hat ein starkes Zangengebiß. Die Fühlhörner sind schwarz, und auf die oben beschriebene Art gestaltet. Der Brustschild ist flach, schwarz, glatt, hat an den Seiten einen etwas in die Höhe gebogenen Rand, auch ist er vorne und hinten gerandet. Er ist überall gleich breit, doch in der Mitte etwas ausgebogen. An den Seiten steht oben und in der Mitte ein eingedrucktes Grübchen. Das Schildlein ist stumpf dreyeckig; die

Deck-

Deckschilde sind schwarz, glatt, ohne Furchen und Punkte, gerandet; oben an der Wurzel und auf der Mitte steht ein grosser rostfarbiger Flecken. Unten ist der Käfer schwarz, die Fußblätter sind rostfarbig.

Man findet diesen Käfer im Aas, auch in Häusern bey Speckwaaren. Seine Larve soll, wie **Frisch** sagt, den Kellerasseln ähnlich sehen, drey Linien lang und zwey breit seyn; aus dem Leibe desselben schwitzen lange Wollenhaare heraus, worin er sich zur Zeit der Verwandlung einhüllet. Ausserdem ist schon der aus 10 Ringen bestehende weisse Leib mit ziemlich langen Haaren besetzt. Diese Larve hält sich auf den Linden und andern Bäumen auf. Im Julius kommt der Käfer heraus.

Panzer trägt Bedenken, diesen Käfer unter die Ipse zu stellen, sondern mögte ihn fast lieber unter die **Lukanen** setzen; dann müßte er aber gar keine Rücksicht auf die kammartigen Fühlhörner derselben nehmen.

2. Ips 4 punctata.

Zwey und vierzigste Tafel. Fig. 2. b. B.

Mus. *Herbst*. *Ips* atra, elytris abbreviatis, macula basi medioque ferruginea.

Es ist dieser Käfer zwar dem vorigen ähnlich, aber wohl noch einmal so groß, auch nicht so flach. Der Kopf ist schwarz, glatt, rund und groß; die Freßzangen sind an der Spitze gespalten; die Fühlhörner sind schwarz. Der Brustschild ist ziemlich gewölbt, schwarz, nach Verhältniß nicht so lang als beym vorigen, gerandet, aber nicht vorne; die Deckschilde sind schwarz, etwas kürzer als der Hinterleib, glatt, sehr fein punktirt; auf jedem stehen zwey grosse rostfarbige Flecken, der eine an der Wurzel, der andre auf der Mitte. Der hervorstehende Hinterleib ist schwarz. Unten ist der Käfer nebst den Füßen sehr dunkelbraun.

Das Vaterland ist mir unbekannt, doch ist er ein Deutscher.

3. Ips 4 guttata.

Zwey und vierzigste Tafel. Fig. 3. c. C.

Fabric. Gen. Mant. 214. Ips oblonga nitida atra, elytris maculis duabus albis, anteriore sinuata. Spec. Inſ. 1. 81. 4. Mantiss. 1. 46. 14.

Es hat dieser Käfer die völlige Gestalt des erstern, nur ist er etwas kleiner, überall glänzendschwarz, durch sehr starke Vergrösserung findet man sehr feine

Pünkt-

Pünktchen auf den Deckschilden, auf welchen auch zwey gelblich weisse eckige Flecken stehen; die, so lange das Insekt lebt, ganz weiß sind, der eine an der Wurzel ist der größte, und hat das Ansehen, als bestehe er aus drey zusammengeflossenen Flecken; der zweyte auf der Mitte besteht eigentlich aus zwey zusammengeflossenen viereckigen neben einander stehenden Flecken, wovon der innere der größte ist. Die Hüften sind etwas dick, und die Schienbeine platt.

Er hält sich in mehreren Gegenden Deutschlands auf.

4. Ips humeralis.

Zwey und vierzigste Täfel. Fig. 4. d. D.

Fabric. Mant. I. 45. 7. Ips nigra capite thorace elytrorumque puncto baseos pedibusque rufis.

Thunberg nov. Spec. *Dermestes bipustulatus* ater glaber, capite thorace punctoque baseos elytrorum rubris.

Herbst im Archiv 4. *Dermestes scanicus.*

Es ist dieser Käfer dem Dermestes scanicus so ähnlich, daß es mir immer noch zweifelhaft bleibt, ob es wirklich zwey verschiedene Käfer sind, da ich von jenem nur ein einziges Exemplar gesehen habe. Der Kopf nebst den Fühlhörnern ist roth. Der Brustschild hat eben diese Farbe, und ist glänzend glatt. Die Deckschilde sind schwarz, glänzend glatt, auf jedem steht an der Wurzel nach dem Aussenrande zu ein rother Flecken. Unten ist der Käfer nebst den Füßen braunroth.

Das Vaterland ist **Deutschland**, in verschiedenen Arten von Schwämmen.

5. Ips 2 pustulata.

Zwey und vierzigste Tafel. Fig. 5. e. E.

Fabr. Mant. I. 45. 3. Ips atra, elytris macula baseos rufa.

Ob dieser Käfer wirklich als eine vom vorigen verschiedene eigene Art anzusehen sey, ist mir noch zweifelhaft. Er lebt mit dem vorigen gemeinschaftlich, ist ihm auch in allen Stücken gleich, doch scheint er mir eine etwas länglichere Gestalt zu haben. Der Kopf und Brustschild sind schwarz, die Fühlhörner aber roth; die Deckschilde sind glänzend schwarz, und auf jedem steht an der Wurzel ausserhalb ein länglicher rostfarbiger Flecken. Unten ist der Leib schwarz, die Füße aber sind rostfarbig.

Er lebt in verschiedenen Arten von Schwämmen.

Zwey und vierzigste Tafel. Fig. 6. f. F.

Diesen halte ich für eine Verschiedenheit des vorigen; er ist ihm der Gestalt nach gleich, nur der Kopf ist roth, und die Flecken auf den Deckschilden sind sehr klein.

6. Ips silacea.

Zwey und vierzigste Tafel. Fig. 7. g. G.

Mus. *Hellw.* Ips oblonga tota testacea elytris obsolete striatis.

Seiner ganzen Gestalt nach gehört er hierher, aber die Fühlhörner weichen etwas ab, denn die drey letzten Glieder sind nicht so dicht in einander geschoben, daß sie einen Knopf bilden; das letzte ist etwas zugespitzt. Die Fühlhörner sind überhaupt dick und plump, besonders bey einer kleineren Art, die Glieder sind kugelförmig, und die drey letzten sind zwar dicker, aber doch nicht so stark abgesetzt, daß sie einen Knopf bildeten. Eigentlich sollte diese und die folgende Art ein eigenes Genus ausmachen. Die Farbe ist überall gelbbraun, Kopf und Brustschild unmerklich blasser, die Deckschilde sind sehr schwach gestreift; auch unten hat er dieselbe Farbe, wie oben.

Herr Professor Hellwig fand ihn auf einer unbestimmten Pflanze, und zählt ihn unter die Dermesten; er schickte ihn an Fabricius, der ihn aber antwortete, er könne kaum unter die Dermesten gezählt werden.

7. Ips cinnamomea.

Zwey und vierzigste Tafel. Fig. 8. h. H.

Muſ. *Hellwig.* Ips oblonga, elytris obſolete punctato ſtriatis.

Dieser Käfer hat völlig die Gestalt aber nicht ganz die Grösse des ersteren, der Kopf ist mattbraun, aber die Fühlhörner sind wie bey dem vorhergehenden, doch etwas schmächtiger, kurz, einwärts gekrümmt, die drey letzten grösseren Glieder sind doch etwas mehr abgesetzt, und das letzte ist oben fast grade abgestumpft. Der Brustschild ist braun ohne Glanz; die Deckschilde sind ganz gleichfarbig, und durch eine starke Vergrösserung sieht man, daß sie mit eingestochenen Punkten gestreift sind. Auch unten ist er braun, und seine Gestalt ist platt.

Hellwig fand ihn in einem Kramladen unter dem Gewürze, und hält ihn daher für einen Ausländer.

Er

Er ist geneigt, ihn zu den **Dermesten** zu zählen, wogegen **Fabricius** Bedenken hat.

Alle die übrigen **Ipse** in des **Fabricii** Schriften wage ich nicht hierher zu setzen; denn da ich sie nicht kenne, so kann ich auch nicht mit Gewißheit sagen, ob sie nach meinen angegebenen Kennzeichen hierher gehören, und dies würde nur zu neuen Verwirrungen Anlaß geben. Einige derselben mögten noch wohl unten unter anderen Gattungen vorkommen.

Neunzehnte Gattung der Käferartigen Insekten.

Kryptophagus.

Diese Gattung kommt den **Dermesten** in Ansehung des ganzen habitus am nächsten; man vergleiche Fig. 12. auf der Instruktionstafel H. mit Fig. 1. auf der Instruktionstafel G. Der Körper hat eben die ablange gewölbte Rundung. Doch finde ich folgende Verschiedenheiten:

1. Die **Fühlhörner** Instruktionstafel H. Fig. 13. haben zwar gleichfalls drey grosse Glieder am Ende, aber es sind dieselben doch etwas anders gestaltet, wie man am besten aus der Vergleichung mit denen auf der Instruktionstafel G. Fig. 2. ersehen kann.

2. Die **Füße** Fig. 14. haben nur drey herzförmige Fußblätter ausser dem Klauengliede, die ganz anders gestaltet sind, als bey den Dermesten Tab. G. Fig. 3.

Die

Die Käfer, welche ich hierher rechne, gehören größtentheils zu den Ipsen in Fabricii System; die Verschiedenheit im Umriß und in der Gestalt des Knopfs der Fühlhörner nöthigt mich, sie zu einer besondern Gattung zu machen. Der angegebene Gattungsname soll darauf anspielen, daß sie ihre Nahrung an verborgenen Orten suchen.

1. Kryptophagus æneus.

Zwey und vierzigste Tafel. Fig. 9. i.

Fabric. Mantiss. 1. 46. 13. *Ips ænea;* coccinea elytris æneis immaculatis.

Acta Soc. Hall. 1. 254. *Silpha* ænea.

Er ist anderthalb Linien lang, überall rostfarbig roth, die Fühlhörner sind schwarz, das Schildlein roth, die Deckschilde sind stahlblau, und durch eine sehr starke Vergrösserung sieht man ganz schwache Reihen eingestochener Punkte. Auch unten ist der Käfer nebst den Füßen roth.

Man findet ihn oft nicht selten in Schwämmen.

2. Kry-

2. Kryptophagus fuscus.

Zwey und vierzigste Tafel. Fig. 10. k. K.

Mus. *Herbst.* Kryptoph. toto fuscus, elytris pubescentibus, tarsis longioribus.

Der Käfer ist nur eine Linie lang, überall braun, die Deckschilde sind an den Seiten etwas gelbhaarig, bisweilen auch der Brustschild; sonst haben sie keine Punkte noch Streifen. Die Fußblätter sind sehr dünne und etwas lang gezogen, hauptsächlich das Klauenglied.

Der Aufenthalt dieses teutschen Käfers ist mir unbekannt. Die ganze Gestalt hat viel Aehnlichkeit mit dem oben beschriebenen Dermestes variabilis, der aber etwas grösser ist, und viel kürzere dickere Füße hat.

3. Kryptophagus Ipsoides.

Zwey und vierzigste Tafel. Fig. 11.

Mus. *Herbst.* Kryptoph. parvus, fuscus, antennis pedibusque lividis.

Den äusseren Umriß nach hat dieser Käfer so ziemlich die Gestalt eines Ipses, aber die Fühlhörner bringen ihn in diese Gattung. Die Grösse des Käfers ist

keine

keine volle Linie. Die Farbe ist bald ganz hellbraun, bald ganz schwarzbraun. Der Brustschild ist ziemlich lang, überall gleich breit, nur vorne abgerundet. Die Fühlhörner sind blaßbraun; die Deckschilde sind ganz glatt, ohne Punkte und Striche.

Er hält sich zwar in hiesigen Gegenden auf, aber wo, ist mir unbekannt.

4. Kryptophagus bifasciatus.

Zwey und vierzigste Tafel. Fig. 12. m. M.

Fabr. Mant. 1. 47. 17. *Ips* nigra elytris fasciis duabus punctoque apicis ferrugineis.

Die Grösse dieses Käfers ist ungemein verschieden; gewöhnlich ist er eine Linie lang, ich besitze aber auch ein Exemplar, das zwey Linien lang ist. Der Kopf ist schwarz, die Fühlhörner sind unten rostfarbig, am Ende braun. Der Brustschild ist schwarz, an den Seiten mit rostfarbigen Haaren besetzt. Die Deckschilde sind schwarz, glatt, ungestreift; auf denselben steht etwas über der Mitte eine aus Flecken zusammengelaufene gelbrothe Binde, die sich an den Seiten in die Höhe biegt; dicht darunter steht eine zweyte zackigte, die sich an den Seiten herunter biegt; und auf der Spitze steht noch ein eben so gefärbter winklichter Flecken.

Die

Die Füße sind braun, die Schienbeine der ersten und Mittelfüße fein gedornt, die Fußblätter sind rostfarbig. Unten ist der Leib schwarz.

Er lebt unter der Rinde verschiedener abgestorbener Bäume, hauptsächlich der Roßkastanien, daher nannte ihn auch **Hellwig** sonst Dermestes corticinus.

5. Kryptophagus lycoperdi.

Zwey und vierzigste Tafel. Fig. 13. n. N.

Scopol. Ent. carn. 18. 48. *Derm.* lycoperdi villosus, thorace fusco, elytris castaneis.

Dieser Käfer ist nicht viel über eine Linie lang, überall braun, auch mit gelblichen Haaren besetzt. Die Fühlhörner sind schnurförmig, etwas dick, daher die drey letzten dickeren Glieder nicht sehr hervorstechen. Der Brustschild ist so breit als die Deckschilde; die obern Seitenecken desselben sind etwas scharf, als wolle eine kleine Spitze herauskommen; auch in der Mitte des Seitenrandes zeigt sich eine kleine Spitze. Die Deckschilde erscheinen unter einer starken Vergrösserung sehr fein punktirt. Unten ist der Käfer nebst den Füßen hell kastanienbraun. Man findet bisweilen eine etwas grössere Varietät.

Man findet ihn im Lycoperd. bovist. und die Larve desselben soll weiß und haarigt seyn.

6. Kryptophagus crenatus.

Zwey und vierzigste Tafel. Fig. 14. o. O.

Scopol. Ent. carniol. *Dermest. cellaris*, rufus oculis fuscis, thorace dentato.

Herbst im Archiv. 4. S. 22. n. 12. tab. 20. fig. 5.

Er ist dem vorigen ungemein ähnlich, nur etwas kleiner; die Farbe ist überall kastanienbraun. Die Fühlhörner sind ziemlich lang, dick, schnurförmig, die letzten drey Glieder stärker; an jedem Gelenke des Fühlhorns steht innerhalb eine steife Borste. Der Brustschild ist breit, glatt, etwas haarig, an den Seiten gerandet, der Rand gekerbt, in der Mitte desselben steht ein kleiner Zahn. Die Deckschilde sind etwas heller braun, glatt, haarig, sehr fein punktirt. Unten ist die Farbe etwas heller.

Man findet ihn in Häusern an den Wänden; auch unter den Baumrinden.

7. Kryptophagus pilosus.

Zwey und vierzigste Tafel. Fig. 15. P.

Mus. *Herbst.* Kryptoph. fuscus, capite thoraceque ferrugineis, elytris fusco-atris pilosis, basi maculaque apice ferrugineis.

Es hat dieser Käfer ganz die Gestalt des ersten, und auch seine Grösse, die doch aber nicht allzeit gleich ist; bisweilen findet man ihn etwas grösser, oft aber auch etwas kleiner. Er ist hellbraun von Farbe; der Kopf und Brustschild sind fast rostfarbig, und etwas haarig; die Fühlhörner haben eben diese Farbe, sind auch mit Haaren besetzt. Die drey letzten Glieder sind zwar grösser, als die übrigen, aber doch unter sich nicht gleich, sondern sie nehmen nach der Spitze zu an Dicke zu; auch ist das vierte etwas grösser, als die übrigen, so daß es gewissermassen einen Uebergang macht. Die Deckschilde sind braunschwarz, bald dunkler, bald heller, haarig, durch eingestochene Punkte punktirt, an der Wurzel rostfarbig, auch steht nahe an der Spitze ein rostfarbiger Fleck. Sie sind nicht ganz so lang, als der Hinterleib, der etwas weniges hervorsteht. Die ganze Unterseite des Käfers ist gelbrostfarbig, und so sind auch die Füße.

Das Vaterland ist **Deutschland.**

Zwan=

Zwanzigste Gattung
der
Käferartigen Insekten.
Strongylus.

Die Käfer, welche ich zu dieser neu aufgenommenen Gattung rechne, stehen gewissermassen in der Mitte zwischen Dermestes und Nitidula; doch kommen sie dem letztern am nächsten, und viele davon sind auch bisher dazu gerechnet. Ich habe sie davon abgesondert, weil sie eine rundere Gestalt haben, worauf auch der Gattungsname anspielen soll; auch sind sie viel gewölbter. Folgende Charaktere werden sie wohl deutlich unterscheiden.

Ihre Gestalt Tab. H. Fig. 15. ist ziemlich rund, und stark gewölbt, fast wie bey den Chrysomelen. Der Brustschild ist breit, bey einigen fast breiter als die Deckschilde, welche oft nach Verhältniß kurz sind.

Die **Fühlhörner** Fig. 16. haben am Ende drey grosse Glieder, die einen Knopf bilden, der zwar nicht so dicht in einander geschoben ist als bey Nitidula, jedoch dies Kennzeichen ist unsicher; denn es ist unglaublich, wie sehr die Käfer diese drey grossen Glieder ausdehnen und zusammenziehen können, und eben dies macht solche unsägliche Schwierigkeiten bey der Beschreibung, da fast bey jedem Exemplar einer Art die Gestalt der Fühlhörner etwas anders ist.

Die **Füße** Fig. 17. haben breite platte Schienbeine; das Fußblatt hat drey herzförmige in einander geschobene Glieder, aber auch dies trift nicht bey allen ein, und ein langes Klauenglied.

1. Strongylus chrysomeloides.

Drey und vierzigste Tafel. Fig. 1. a. A.

Mus. *Hellwig*. Strong. fusco-lividus, thorace macula media nigra, elytris strigis coadunatis nigris.

Dieser Käfer hat völlig die Gestalt einer **Chrysomele** oder **Coccinelle** und ist wenig über eine Linie lang. Die Farbe ist fahlbraun, nicht allzeit gleich, bald lebhafter und reiner, bald verloschener und schmuziger. Die Fühlhörner sind auch fahl gelbbraun, die drey ersten Glieder sind nicht so vorzüglich grösser, als es bey

eini-

einigen andern Arten ist. Die Augen sind schwarz. Auf der Mitte des Brustschildes steht ein hellbrauner schwarzer Fleck, der bis an den Hinterrand reicht; auch hat er einen Seitenrand. Die Deckschilde sind eyrund, gewölbt, glatt, sehr fein punktirt, etwas behaart, ohne Furchen und Punktreihen, auf der Mitte eines jeden stehen zwey gebogene schwarze Streifen, die unten zusammenlaufen; ihre Gestalt ist nicht allzeit gleich, auch ist ihre Farbe bald stark und deutlich abgesetzt, bald verloschen, und ihre Gestalt nicht deutlich zu kennen. Unten ist der Bauch schwarz oder dunkelbraun, die Füße mit den Fühlhörnern gleichfarbig; die Hüften etwas breit, die Schienbeine schmaler, wie bey einigen der folgenden Arten; die Fußblätter auch nicht so stark herzförmig, sondern fast mehr fadenförmig.

Man findet diesen Käfer zwischen der Rinde der Tannen, doch auch auf Pflanzen.

2. Strongylus 5 punctatus.

Drey und vierzigste Tafel. Fig. 2. b. B.

Fabric. Mantiss. 1. 52. 16. *Nitidula 2 punctata.* testacea coleoptris maculis quinque nigris. Mantiss. 1. 72. 73. *Chrysomela scutellata* ovata rufa coleoptris maculis quinque nigris.

Herbst im Archiv. 4. p. 58. n. 32. tab. 23. fig. 20. C. Chrysomela scutellata.

Ich hatte diesen Käfer im Archiv unter die **Chrysomelen** gesetzt, denen er der Gestalt nach völlig ähnlich ist. **Fabricius** brachte ihn in seiner Mantisse unter **Nitidula**, da doch die Fühlhörner nicht damit übereinstimmen, und noch weniger die Lebensart. Nachher bringt er aber diesen Käfer noch einmal wieder unter die Chrysomelen vor. Ich glaube, er stehe hier bey seinen Nachbar am schicklichsten Orte. Er hat die eyförmige Gestalt der Chrysomelen: die Farbe ist überall fuchsroth; die Augen sind schwarz; die drey grösseren Glieder der Fühlhörner sind nicht so in einander geschoben, wie bey Nitidula, sondern deutlich abgesetzt. Der Brustschild ist platt, ziemlich breit, doch nicht völlig so breit, wie die Deckschilde, gerandet. Die Deckschilde sind etwas länglicher, als bey einigen Arten dieser Gattung, glatt, schwach behaart, unmerklich punktirt gestreift; um das Schildlein herum steht ein grosser gemeinschaftlicher schwarzer Flecken, und auf den beyden Deckschilden zusammen vier schwarze Punkte in einen Bogen. Unten ist die Brust schwarz, und auch die zwey ersten Bauchringe, die doch an den Seiten gelbroth sind; die vier letzten Bauchringe sind ganz gelbroth. Die Füße haben gleiche Farbe mit den Deckschilden, an den Fußblättern kann ich aber

nur

nur zwey Glieder zählen. Man findet diesen Käfer auf den Wasserpflanzen.

3. Strongylus luteus.

Drey und vierzigste Tafel. Fig. 3. c. C.

Mus. *Herbst.* Strong. luteus hirtus thorace magno, lato.

Es ist dieser Käfer volle zwey Linien lang, und nach Verhältniß breit: die Farbe ist überall fahl gelbbraun, und die Oberfläche ist mit gleichfarbigen, flach aufliegenden Haaren überzogen. Der Kopfschild ist platt, grade herunter hangend, bisweilen etwas schmuzig von Farbe. Die Augen sind schwarz; die Fühlhörner haben drey deutlich abgesetzte grosse Glieder. Der Brustschild ist sehr breit, fast breiter, als die Deckschilde, gewölbt, glatt, fein behaart, nicht gerandet. Das Schildlein ist ziemlich groß. Die Deckschilde sind breit, nicht lang, etwas kürzer, als der Hinterleib, so daß die letzte Spitze desselben sichtbar ist. Sie sind gewölbt, glatt, mit flach liegenden Haaren überzogen, ungestreift, fein punktirt, gerandet. Unten hat der Käfer eben die Farbe, wie oben.

Das Vaterland ist **Deutschland**; von seiner Lebensart ist mir nichts bekannt.

4. Strongylus variegatus.

Drey und vierzigste Tafel. Fig. 4. d. D.

Mus. *Herbst*. Strong. ferrugineus, capite nigro, thorace nigro marginibus ferrugineis, elytris ferrugineis lateribus late atris.

Er hat die ganze Gestalt und Grösse des vorigen, und ist vielleicht nur eine Varietät desselben. Der Kopf ist schwarz, die Fühlhörner sind rostfarbig; der Brustschild, der gleichfalls sehr breit, ist in der Mitte schwarz, an den Seiten und am Hinterrande rostfarbig, überall mit gelblichen Haaren etwas weitläufig überzogen. Die Deckschilde sind in der Mitte die ganze Nath herunter rostfarbig, an den Seiten schwarz, überall weitläufig mit weißlichen Haaren überzogen. Unten ist die Farbe schmutzigbraun, mit verloschen schwarz scheckig; und so sind auch die Füße.

Man hat diesen Käfer in **Schweden** gefunden.

5. Strongylus 4 punctatus.

Drey und vierzigste Tafel. Fig. 5. e. E.

Museum *Herbst.* Strong. fuscus pubescens, thorace 4 punctato, elytris basi exteriori puncto nigro.

Auch dieser Käfer ist den beyden vorigen an Gestalt und Grösse völlig gleich. Die Grundfarbe ist überall braun, die Oberfläche mit Haaren überzogen. Die Augen sind schwarz; die Fühlhörner, welche drey stark abgesetzte grosse Glieder haben, sind mit den übrigen Theilen gleichfarbig. Auf dem Brustschilde stehen vier schwarze Punkte in einem halben Bogen. Auf den Deckschilden steht nahe an der Wurzel ausserhalb ein schwarzer Punkt, der sich bisweilen verloschen an den Seiten herunterzieht. Unten ist der Käfer etwas mehr rostfarbig; die Füße fallen ins Braune.

Er ist in Deutschland zu Hause; mehr weiß ich von seiner Lebensart nicht.

6. Strongylus æstivus.

Drey und vierzigste Tafel. Fig. 6. f. F.

Muſ. *Herbſt. Strong.* ferrugineus, elytris pubeſcentibus, punctato-ſtriatis.

Herbſt im Archiv. 4. p. 36. n. 3. tab. 20. fig. 24.

Die drey letzten Glieder der Fühlhörner ſind eben ſo, wie bey den vorigen Arten, mit welchen auch die Geſtalt übereinkommt, nur iſt er etwas kleiner und etwa anderthalb Linien lang. Die Farbe iſt überall roſtfarbig braun, die Oberfläche etwas haarig. Die Fühlhörner ſind etwas dunkler, an der Spitze greis. Die Augen ſind ſchwarz. Der Bruſtſchild iſt ſo breit, als die Deckſchilde, an den Seiten gerandet. Die Deckſchilde ſind ſchwach punktirt geſtreift, behaart, roſtfarbig, oft am Seitenrande ein wenig dunkler. Unten iſt er gleichfalls roſtfarbig, die Fußblätter ſind nicht herzförmig, ſondern mehr fadenförmig.

Im Archiv habe ich dieſen Käfer für die Silpha æſtiva des **Linné** und Nitidula æſtiva des **Fabricius** ausgegeben. Unter dieſen Namen war er mir auch zugeſchickt. Da aber **Linné** die Gröſſe des Käfers mit einer Laus vergleicht, ſo trage ich doch Bedenken, ihn für die wahre Æſtiva zu halten, deren

Auf-

Aufenthalt ausserdem auf Blumen seyn soll, da dieser Käfer sich, wo ich nicht irre, im Bovist aufhält.

7. Strongylus strigatus.

Drey und vierzigste Tafel. Fig. 7. g. G.

Fabric. Mant. 1. 51. 7. *Nitidula strigata*, ovata fusca thoracis margine elytris margine lineola baseos strigaque apice fulvis.

Seine sehr gewölbte runde Gestalt, und die drey deutlich abgesetzten Glieder der Fühlhörner erlaubt nicht, ihn unter Nitidula zu bringen, da **Fabricius** selbst Clava solida zum Gattungskennzeichen angiebt. Es hat dieser Käfer die Gestalt der vorigen, ist anderthalb Linien lang, glatt, stark gewölbt. Der Kopfschild ist schwarz, breit, an der Lippe rostfarbig, fein punktirt. Die Fühlhörner sind rostfarbig, die obersten drey Glieder breit, abgesetzt, das letzte etwas stumpf. Der Brustschild ist vollkommen so breit, als die Deckschilde, schwarz, der Vorder- und Seitenrand rostfarbig, an den Seiten gerandet, ein wenig in die Höhe gebogen, hinten verlängert er sich in eine Spitze, die dicht an die Deckschilde anschließt. Die Oberfläche ist fein punktirt, hie und da mit kurzen gelblichen Haaren besetzt. Die Deckschilde sind stark gewölbt, vorne so breit als der Brustschild, hinten etwas enger, eyrund,

glatt,

glatt, fein punktirt, ohne Striche und Punktreihen, schwarz, bisweilen dunkelbraun. Auf der Mitte jedes Deckschildes geht von der Wurzel aus ein gelblicher einwärts gekrümmter Strich, fast bis auf ein Drittel der Länge herab. Etwas unter der Mitte steht ein andrer bräunlich gelber gekrümmter Strich, der queer über die Deckschilde wegläuft, nach hinten zu gekrümmt ist, und am Aussenrande sich bis nach der Spitze der Deckschilde herunterzieht. Die Füße sind gelbbraun; die drey Fußblätter sind klein, etwas herzförmig, und das Klauenglied ist lang gezogen.

Er ist bey Halle gefunden.

8. Strongylus ater.

Drey und vierzigste Tafel. Fig. 8. h. H.

Muf. *Herbst.* Strong. glaberrimus, ater, elytris subtiliter punctatis, pedibus piceis.

Er ist etwas über anderthalb Linien lang, ungemein glänzend schwarz, und stark gewölbt. Die Fühlhörner sind pechbraun. Der Brustschild ist hinten so breit, als die Deckschilde, und schließt dicht an dieselben an, so daß der ganze Käfer eine ziemlich stumpfe eyrunde Gestalt hat. Die Deckschilde sind auch stark gewölbt, nicht ganz so lang als der Hinterleib, so daß

die

die letzte Spitze desselben zu sehen ist; sie sind ungemein glatt, doch findet man bey einer starken Vergrösserung einige äusserst feine Punktreihen. Unten ist der Käfer mattschwarz, die Füße, welche etwas breite Schienbeine haben, sind pechbraun, und die drey Fußblätter herzförmig und in einander geschoben.

Man findet ihn selten in hiesigen Gegenden.

9. Strongylus psyllius.

Drey und vierzigste Tafel. Fig. 9. I.

Lin. Syst. Nat. 2. 564. 25. *Derm. psyllius* ovatus niger, abdomine obtuso, thorace elytrisque marginatis. Faun. Su. 436. *Lin.* S. N. 2. 574. 34. *Silpha pedicularia* nigra elytris lævibus, thorace marginato. Faun. Su. 406.

Fabr. Syst. Ent. 78. 6. *Nitidula pedicularia* nigra elytris lævibus, thorace marginato. Spec. Inf. 1. 92. 12. Mantiss. 1. 52. 14.

Herbst im Archiv. 4. p. 21. n. 4. tab. 20. fig. 4. Dermestes psyllius.

Geoffroy Inf. 1. 309. L'antribe noir lisse.

Schrank Enum. 29. 81. Flohähnlicher Kleinkäfer.

Götze entomol. Beyträge. 1. 139. 25. Der Flohsaame.

Dieser Käfer, und der folgende dieser Gattung haben eine etwas mehr längliche eyförmige Gestalt, aber der Brustschild ist gleichfalls mit den Deckschilden gleich breit. Beyde sind glatt, gewölbt, und haben einen etwas aufgeworfenen Rand; die Deckschilde sind fein punktirt. Die Grösse ist nicht über eine Linie. Die Farbe wird überall als schwarz angegeben, sie ist aber bald ins blaue bald ins grünliche spielend; ich müßte denn wirklich einen ganz andern Käfer dafür halten. Die Fühlhörner sind schwarz, die drey letzten Glieder groß und ziemlich dicht in einander geschoben. Die Deckschilde sind kaum so lang als der Hinterleib. Die Füße sind braun, und die Schienbeine sehr breit und platt.

Man findet diesen Käfer häufig in allerley Blumen.

10. Strongylus abbreviatus.

Drey und vierzigste Tafel. Fig. 10. k. K.

Fabric. Spec. Inf. 1. 91. 3. *Nitidula* abbreviata, ovata nigra obscura, elytris lævibus obtusis abbreviatis.

Fabricius giebt zwar **Neuseeland** zum Geburtsort dieses Käfers an, da aber seine Beschreibung genau mit dem vor mir habenden Käfer übereinstimmt,

so

so trage ich kein Bedenken, ihn dafür anzunehmen, wenn er gleich in **Deutschland** zu Hause ist. Er ist nicht viel über eine Linie lang, überall schwarz, ohne vielen Glanz. Die Fühlhörner sind braun, die drey letzten Glieder ziemlich lang gezogen, daher kann dieser Käfer nicht unter Nitidula stehen. Der Brustschild ist so breit als die Deckschilde, fein punktirt, gewölbt, gerandet. Die Deckschilde sind überall gleich breit, nicht so lang als der Hinterleib, fein punktirt, gerandet. Die Füße sind ziemlich kurz, dunkelbraun.

Panzers Dermestes hemipterus im Naturforscher 24. St. p. 11, n. 14. Tab. 1. Fig. 14. scheint mir hierher zu gehören.

Ein und zwanzigste Gattung der Käferartigen Insekten.

Tritoma.

Von dieser Käfergattung des Fabricius, die auch wenig zahlreich ist, ist mir nicht viel bekannt; denn da ich nur eine einzige Species kenne, so kann ich vom äussern habitus nichts sagen. Sie scheint mit der vorigen sehr nahe verwandt zu seyn. Die Kennzeichen, welche Fabricius angiebt, sind folgende:

Die Fühlhörner sind keulförmig, indem die Keule aus drey dickern Gliedern besteht.

Die vordern Freßspitzen sind sichelförmig, dreygliedrig, viel länger als die innern; das zweyte Glied ist sehr kurz, das letzte besteht aus einer erweiterten Keule, die zugespitzt ist. Sie hängen am Rücken der Maxille.

Die

Die innern Freßspitzen sind kurz, eingebogen, zweygliedrig, das letzte Glied ist etwas dicker, stumpf. Sie stehen unter der Spitze der Lippe.

Die Lippe ist vorgestreckt, cylindrisch, unten hornartig, am Ende häutig, etwas ausgeschnitten.

Die hierzu gehörigen Käfer sollen in Schwämmen, hauptsächlich in Baumschwämmen leben.

1. Tritoma bipustulata.

Drey und vierzigste Tafel. Fig. 11. l. L.

Fabr. Syst. Ent. 68. 1. Tritoma atra, elytris macula laterali coccinea. Spec. Inf. 1. 80. 1. Mantiss. 1. 44. 1.

Herbst im Archiv. 4. pag. 30. Sphæridium bimaculatum.

Panzer im Naturforscher 24. St. p. 12. n. 17. tab. 1. fig. 17. Tritoma bipustulata.

Dieser Käfer ist etwas über anderthalb Linien lang, eyförmig, und sehr glatt. Der Kopf ist schwarz, im Nacken roth. Die Fühlhörner sind braun, und haben am Ende einen Knopf, der aus drey in einander geschobenen Gliedern besteht, wie bey der Gattung Nitidula. Der Brustschild ist schwarz, glatt, gerandet, hinten so breit, als die Deckschilde, an welche er dicht anschließt, vorne schmaler, so daß er mit dem breiten Kopfschilde dicht zusammenschließt. Die Deckschilde sind schwarz, glatt, eyrund, so daß sie hinten schmaler werden; auf jedem steht an der Wurzel ausserhalb ein grosser rother Fleck; auch hat jedes neun Reihen ganz feiner eingestochener Punkte. Unten ist der Käfer schwarz, die Füße sind pechbraun, die Fußblätter rostfarbig; sie bestehen aus drey Gliedern nebst der Klaue, und sie sind an den Vorderfüßen viel breiter, als an den übrigen. Die Schienbeine sind platt, und am Ende viel breiter als oben.

Man findet ihn in den holzartigen Baumschwämmen.

2. Tritoma glabra.

Fabric. Mantiss. 1. 44. 2. Tritoma glabra atra, antennis pedibusque piceis.

Es hat dieser Käfer ganz die Gestalt des vorigen; Kopf und Brustschild sind glatt, schwarz, glänzend. Die Deckschilde sind auch glänzendschwarz und gestreift. Die Fühlhörner sind vorwärts gestreckt, und gehen allmählig dicker zu. Billig sollte also dieser Kä-

fer

ser wegen der oben angegebenen Kennzeichen gar nicht unter dieser Gattung stehen. Die Füße sind pechbraun.

Man hat diesen Käfer in Schweden unter Baumrinden gefunden.

3. Tritoma dubia.

Fabric. Gen. Inſ. Mantiſſ. p. 213. Tritoma nigra, elytris pedibusque teſtaceis. Spec. Inſ. 1. 80. 3. Mant. 1. 44. 3.

Er ist klein, schwarz, die Fühlhörner durchblättert, Kopf und Brustschild sind wolligt, aschgrau. Die Deckschilde sind hinten zugespitzt und erdfarbig.

Sein Vaterland ist das Holsteinsche.

4. Tritoma vittata.

Fabric. Mant. 1. 44. 4. Tritoma rufa elytris nigris, vitta rufa.

Er ist von mittlerer Grösse. Der Kopf ist dunkelroth, die Fühlhörner haben eine dichte Keule. Der Brustschild ist dunkelroth, glatt, der Seitenrand verdickt und gelblich. Die Deckschilde sind glatt, schwarz, glänzend, mit einer breiten röthlichen Längsstreife, welche die Wurzel und die Spitze bedeckt. Die Füsse sind röthlich.

Das Vaterland ist Indien.

5. Tritoma morio.

Fabric. Mant. 1. 44. 5. Tritoma atra holosericea, antennis pedibusque concoloribus.

Er hat die völlige Gestalt der oben beschriebenen Tritoma dubia, aber er ist noch einmal so groß. Die Fühlhörner stehen hervor, das letzte Glied ist dicker und keulförmig. Der ganze Leib ist schwarz, seidenartig glänzend, ungefleckt.

Das Vaterland ist Kiel.

6. Tritoma sericea.

Fabric. Mant. 1. 44. 16. Tritoma nigricans holosericea pedibus testaceis.

Er hat ganz die Gestalt des Tritoma dubia, ist aber grösser; der ganze Leib bekömmt wegen eines

nes Ueberzugs von kurzen aschgrauen Haaren ein seidenartiges Ansehen. Die Fühlhörner und Füße sind erdfarbig.

Sein Vaterland ist **Deutschland**.

7. Tritoma collaris.

Fabric. Syst. Ent. 69. 2. Tritoma nigra, thoracis lateribus abdomineque rufis. Spec. Inf. 1. 80. 4. Mant. 1. 44. 7.

Er hat die ganze Gestalt des erstern, aber die Fühlhörner sind fadenförmig; es ist also sehr zweifelhaft, ob er hierher gehört; **Fabricius** selbst glaubt, daß er vielleicht eher zur Gattung Anthrenus gehören mögte. Kopf und Brustschild sind schwarz, die Seiten des Brustschildes sind roth. Die Deckschilde sind schwarz und haben zwey wellenförmige verloschene aschgraue Binden. Der Hinterleib ist roth.

Das Vaterland ist **Neuholland**.

Ende des vierten Theils der Käfer.

www.ingramcontent.com/pod-product-compliance
Lightning Source LLC
LaVergne TN
LVHW092107300926
849161LV00002B/65